安徽现代农业职业教育集团
服务“三农”系列丛书

Shuidao Gaochan Shiyong Jishu

水稻高产实用技术

杨安中　编著

图书在版编目(CIP)数据

水稻高产实用技术/杨安中编著. —合肥:
安徽大学出版社,2014.1
(安徽现代农业职业教育集团服务"三农"系列丛书)
ISBN 978-7-5664-0666-8

Ⅰ.①水… Ⅱ.①杨… Ⅲ.①水稻栽培 Ⅳ.①S511

中国版本图书馆 CIP 数据核字(2013)第 293688 号

水稻高产实用技术 **杨安中 编著**

出版发行:北京师范大学出版集团
安 徽 大 学 出 版 社
(安徽省合肥市肥西路 3 号 邮编 230039)
www.bnupg.com.cn
www.ahupress.com.cn
印 刷:中国科学技术大学印刷厂
经 销:全国新华书店
开 本:148mm×210mm
印 张:3.875
字 数:100 千字
版 次:2014 年 1 月第 1 版
印 次:2014 年 1 月第 1 次印刷
定 价:12.00 元
ISBN 978-7-5664-0666-8

策划编辑:李 梅 武溪溪
责任编辑:蒋 芳 武溪溪
责任校对:程中业
装帧设计:李 军
美术编辑:李 军
责任印制:赵明炎

丛书编写领导组

丛书编委会

丛书科学顾问

（按姓氏笔画排序）

序

解决"三农"问题,是农业现代化乃至工业化、信息化、城镇化建设中的重大课题。实现农业现代化,核心是加强农业职业教育,培养新型农民。当前,存在着农民"想致富缺技术,想学知识缺门路"的状况。为改变这个状况,现代农业职业教育必然要承载起重大的历史使命,着力加强农业科学技术的传播,努力完成培养农业科技人才这个长期的任务。农业科技图书是农业科技最广博、最直接、最有效的载体和媒介,是当前开展"农家书屋"建设的重要组成部分;是帮助农民致富和学习农业生产、经营、管理知识的有效手段。

安徽现代农业职业教育集团组建于 2012 年,由本科高校、高职院校、县(区)中等职业学校和农业企业、农业合作社等 59 家理事单位组成。在理事长单位安徽科技学院的牵头组织下,集团成员牢记使命,充分发掘自身在人才、技术、信息等方面的优势,以市场为导向、以资源为基础、以科技为支撑、以推广技术为手段,组织编写了这套服务"三农"系列丛书,全方位服务安徽"三农"发展。本套丛书是落实安徽现代农业职教育教集团服务"三农"、建设美好乡村的重要实践。丛书的编写更是凝聚了集体智慧和力量。承担丛书编写工作的专家,均来自集团成员单位内教学、科研、技术推广一线,具有丰富的农业科技知识和长期指导农业生产实践的经验。

丛书首批共22册，涵盖了农民群众最关心、最需要、最实用的各类农业科技知识。我们殚精竭虑，以新理念、新技术、新政策、新内容，以及丰富的内容、生动的案例、通俗的语言、新颖的编排，为广大农民奉献了一套易懂好用、图文并茂、特色鲜明的知识丛书。

深信本套丛书必将为普及现代农业科技、指导农民解决实际问题、促进农民持续增收、加快新农村建设步伐发挥重要作用，将是奉献给广大农民的科技大餐和精神盛宴，也是推进安徽省农业全面转型和实现农业现代化的加速器和助推器。

当然，这只是一个开端，探索和努力还将继续。

安徽现代农业职业教育集团

2013年11月

前　言

水稻是安徽省的主要粮食作物之一，近年来全省水稻种植面积稳定在230万公顷左右，年均生产稻谷1580万吨左右，种植面积约占粮食作物的33.3%，总产量占粮食作物的47.1%。安徽省是我国的稻谷生产和商品输出大省，总产量约占全国总产量的8.8%，位居全国第五位。安徽省气候温和、四季分明、雨量适中，十分有利于种植水稻。安徽省种植水稻历史悠久，有5000多年的水稻栽培历史，研制了多种栽培工具，选育了很多地方品种，并积累了丰富的水稻种植经验。但是，新中国成立前近百年稻作科学发展缓慢，单产水平低，至1949年全省稻谷年总产量只有185.8万吨。新中国成立60多年来，由于党和政府的重视，不断改革农业生产体制，加大生产及科研投入，生产条件逐年改善，品种选育、栽培技术研究与推广日趋进步，水稻生产水平有了迅速提高，并全面系统地从理论和技术上总结积累了丰富的稻作经验，为全国乃至世界的水稻生产及食品供应做出了重要的贡献。

水稻高产栽培技术就是根据水稻品种的特性，采用各种技术，适时进行促控，为其提供适宜的生长发育所需的环境及营养条件，从而实现高产、优质、高效。要实现水稻高产、优质、高效的目的，就必须了解水稻生长发育全过程,在此基础上合理运用育秧技术及各项田间管理技术。本书主要介绍了水稻生产的意义、安徽水稻生产的特点、水稻生长发育规律、水稻高产对环境条件的要求、水稻育秧技术、大田管理技术以及水稻特殊栽培技术等内容。

本书的特点:一是突出了安徽省地方特点,针对性强;二是内容新颖,技术先进,语言通俗易懂,实用性和可操作性强。本书可作为安徽省广大稻农的科普读物及培训材料,也可作为中高等农林院校种植类专业师生及广大基层农业技术人员的参考书。

在编写过程中,张子学教授、时侠清教授、车筱玲副教授对本书提出了很好的建议和修改意见,在此一并致谢。由于时间仓促,加之编者水平有限,书中疏漏、错误之处恐难避免,敬请读者指正。

编 者

2013 年 11 月

目　录

第一章 概述

一、水稻生产的意义

水稻是世界上播种面积和总产量仅次于小麦的重要粮食作物之一。我国水稻面积约占世界水稻面积的23%,仅次于印度,位居世界第二位。稻谷总产量占世界稻谷总产量的31%,居世界产稻国之首。

水稻是我国最主要的粮食作物之一,其播种面积占全国粮食播种面积的30%左右,年产量占我国粮食总产量的40%左右,约占商品粮的50%以上。我国有30个省、市、自治区生产水稻,其中主要集中在湘、赣、粤、鄂、桂、苏、皖、川、浙、闽、云、渝、贵、琼、沪等省(市),其面积和总产量超过我国水稻面积和产量的85%,是我国的水稻主产区,也是我国水稻生产过程机械化的重点区域。

稻米营养价值较高,蛋白质含量略低于小麦,但稻米中易消化吸收的养分居主要禾谷类作物之首,中国一半以上人口以稻米为主食。稻米还是我国出口的主要农产品之一,尤其是一些名、特、优品种,在世界上享有盛誉。此外,稻米还是重要的加工、酿造业的原料,稻草、稻糠等副产品可作为饲料和造纸原料。

由此可见，水稻在我国粮食生产中占有举足轻重的地位。提高水稻单产及总产量、改善稻米品质对保障国家粮食安全，改善人民生活具有非常重要的现实意义，同时，对世界水稻生产也有重大的影响。

二、安徽省水稻生产概况

安徽省位于中国东南部，处于北纬29°41′～34°38′，东经114°54′～119°37′，横跨东西4个半经度，纵跨南北5个纬度。长江、淮河自西向东横贯其境内，平原、丘陵和山地相间排列。气候属于亚热带与温带过渡型。气候温和，四季分明，雨量适中，春季温度多变，秋高气爽，梅雨季节明显，十分有利于种植水稻，自古以来安徽省就是全国重点水稻生产和贸易的省份之一。安徽种植水稻历史悠久，迄今水稻始终是安徽的主要粮食作物，种植面积和产量均居粮食作物首位，对全省粮食丰歉和人民生活具有重要影响。

1.安徽省稻作特点

(1)稻作历史悠久 20世纪50年代以来，先后在古代遗址中发现6处炭化或未炭化的稻谷。1955年和1957年，在肥东县大陈墩和灵璧、五河县交界的濠城镇新石器时代遗址中，发现炭化稻谷凝块和烧焦的稻粒；1979年至1981年，在潜山县薛家岗新石器时代遗址中，发现烧焦的稻壳痕迹，黏附在红烧土上，等等。这些证明早在5000年前的新石器时代，安徽省就已有水稻种植。

春秋战国时期，楚国政治家孙叔敖组织人民在旱涝灾害频繁的寿县以南30千米处兴修了大型蓄水灌溉工程——芍坡，又在陂塘西南开渠引淠河水入塘，称为“子午渠”。水涨时则通过淝、淠河道分泄入淮，工程设计合理，形成较为完整的引、蓄、灌、排系统，此后历任朝代均有修治，至1937年塘灌溉农田达1.35万公顷以上。这是安徽省最早的水利工程，表明公元前600年左右，安徽人民在稻田水利建

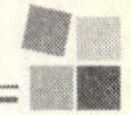

设中已掌握了高超的知识和技术。秦汉三国时期(公元221—581年),铁制农具和牛耕方法自北向南逐步推广。陂、塘、渠、堰等水利工程,如东兴塘、铜城闸等,不断兴建,魏晋南北朝开始,出现了早期的圩田,即于低凹地周围筑堤挡水而形成的稻田,堤上开涵闸,涝则闭闸以阻水入田,旱则开闸放水入田以灌禾苗。安徽的圩田集中分布在宣城、安庆、池州等市的24个县内,迄今江淮圩区仍是安徽的主要产稻区和商品稻米生产基地。

芜湖米市是我国最早建立的稻米出口地之一。1876年,根据《中英烟台条约》,芜湖被定为通商口岸,次年设立海关,并将镇江米市转移到芜湖。从1882年,宁波、潮州、广州、烟台米商接踵而至,芜湖米市开始形成,这年出口稻米已达66万余石①。1890年后发展很快,1891年稻米出口达338万石,最高的1905年达到843.8万石,占芜湖海关出口农产品的91.23%。米市兴盛时期,带动了其他行业的发展,尤其是带动了运输、银行、工商业及其他杂粮和稻米加工业的发展。

(2)稻作类型多样 安徽地跨5个纬度和4.5个经度,面积大,生态类型复杂,全省可分为淮北、江淮、江南、皖西大别山区和皖南山区共5个稻区。各稻区的不同生态条件决定了稻作类型的多样性。如作为光能资源的太阳辐射年总量以北多南少为特征,各稻区自北向南均相差20千焦/厘米^{2}左右。太阳辐射年内变化虽然都是夏季最多,春季次之,秋季较少,冬季最少,但夏季最多的月份南北并不一致,淮河以北5~6月最多,有利麦茬稻生长,江淮之间7~8月最多,此时梅雨季节已过,天气晴朗,正是喜温籼稻的旺长时期,但往往又是“夹秋旱”的灾害季节。全省年平均日照时数为1600~2400小时,其分布也是呈南少北多、山区少平原多的趋势,各稻区之间年相差大约在700小时,尤其皖南和皖西部分山区,全年日照不足1700小时,

① 每石约等于50千克。

且湿度大、云雾多，水稻极易遭纹枯病、稻瘟病为害，影响水稻生长及产量的提高。就温度看，全省热量资源丰富，但年平均气温各稻区之间相差3℃之多(14～17℃)，淮北和皖西山区偏低，在15℃以下，沿江和皖南山区南部气温高达16.5℃，其他地区在15～16℃之间。日平均气温稳定通过10℃以上的有效积温全省在4700～5300℃，各稻区之间相差600℃之多。10℃以上的有效积温5000℃以上地区适宜种植双季稻，其他地区只宜种植一季中稻。全省降水量年平均在800～2400毫米之间，北少南多，相差达1倍以上。总之，安徽的稻作气候资源丰富，全省可划分为长江沿岸单、双季稻兼作区，江淮之间丘陵单、双季稻过渡区，淮河沿岸及淮北平原单季稻作区，大别山单、双季稻作区，皖南山区单、双季稻作区。

2.安徽稻作生产的基本经验

新中国成立60多年来，安徽的水稻生产及科学研究均有了很大发展，取得了丰富的经验。

(1)不断提高种稻效益是调动稻农生产积极性的根本动力 发展水稻生产依靠的主体是农民，只有提高种稻效益才能激发农民种稻的积极性。据有关部门调查，当前对农民种稻积极性影响的第一要素是稻谷或大米的市场价格，占调查群体比重的74%左右；其次是自身需求和种植习惯，占17%左右。而促进农民持续稳定增收的长效机制又在于落实支农惠农的重大政策，特别是随着生产资料价格的提高，政府只有不断增加补贴或(和)提高稻谷收购价格，促进种稻综合效益和农民收入的全面提高，才能从根本上提高农民水稻生产的积极性。

(2)加强农田基础设施建设是实现水稻持续稳产高产的保障 安徽省气候复杂，旱涝等自然灾害频繁(如1954、1969、1991年水灾，1978、2003年旱灾)，局部地区灾害几乎每年都有发生。20世纪50年代至80年代，虽然大力兴修水利，建成5大水库、7大灌区、1670

座中小型水库和提水灌区等,使全省农作物灌溉面积和有效灌溉面积分别达到83.6%和52.8%,但随着时间的推移,很多灌溉设施年久失修,老化损坏严重,灌溉能力下降,抗灾能力严重减弱。今后,必须加大投入,修建水利工程,加强农田基础设施建设,从根本上增强水稻抗灾、减灾、避灾能力,才能实现水稻持续稳产高产。

(3)推动水稻及其产业的发展必须依靠科技进步 农业生产的发展一靠政策,二靠科学,三靠投入。水稻生产同其他农业生产一样,种稻技术发展是推动水稻生产发展的主要动力之一。例如,20世纪60年代中期,早稻矮秆良种的育成和推广应用,使安徽省早稻连续16年平均单产超过中稻21.8%;1983年以来,杂交中籼稻的推广又使全省中籼稻单产反过来超过早稻,平均高出34.5%,并连续跨过每公顷4吨、5吨、6吨3个台阶,品种的更新也相应推动了栽培新技术的研究及推广。安徽省同多数水稻生产省(市)一样,水稻生产的发展主要靠单产的提高,同高产省市的单产水平相比,单产提高还有较大的空间,要不断加强稻作技术的研究与推广应用,重点解决超高产基础上的抗逆、优质、防倒伏和广适应的瓶颈问题,提高品种自给率和竞争力,在高产栽培技术上注重与节水节能、抗灾应变、抗倒延衰、精准高效、适应机械化和轻简栽培等技术的应用集成,不断提高水稻的产量及品质;同时,要研究稻米及副产品的精加工技术,不断提高其附加值,增加农民收入。

3.安徽中、低产稻田改造

安徽省的中、低产田面积达500万公顷以上,蕴藏着巨大的增产潜力。采取有力措施,加大改造中、低产田的力度,不断提高土壤肥力,就可以大幅度提高作物产量。

(1)中、低产稻田划分的标准

①中产稻田土壤划分标准:

·土壤水型:大多为潴育型,少量为脱潜型。

·地貌条件:多处于岗坡地和低山丘陵的冲畈田、沿江高圩田和淮北的河间平原。

·排灌条件:排灌条件较好,灌溉水源保证率较高,一般为70%~80%,旱涝发生频率较低,一般可达5年以上一遇。

·耕层质地:多为壤土至黏土。

·障碍层:有的有弱障碍层,有的没有障碍层。

·耕层厚度:犁底层发育完好,耕层厚度一般在10~18厘米,少数犁底层有次生潜育层。

·有机质含量:一般有机质含量为15.0~25.0克/千克,少量偏沙土壤为10.0克/千克左右。

·阳离子交换量:一般为中等,在10.0~20.0毫摩尔/千克。

·单产水平:水稻常年一季单产500千克/亩[①]左右,对秋种作物无限制。

根据上述划分标准,全省中产田大约为337万公顷,其中水稻中产田为77.0万公顷,占耕地面积的12.37%,占中产田面积的22.85%。

②低产稻田土壤划分的标准

·土壤水型:多为潜育型、渗育型、侧漂型和淹育型,少量为低肥潴育型。

·地貌条件:主要分布于丘岗地区的低冲田,沿江圩田、畈田的低洼地,山区冲垄峡谷田和岗地的顶岗田。

·排灌条件:水源严重不足,灌溉保证率常低于60%;或排水困难,地下水或泉水多,土体常年过湿。

·耕层质地:耕层质地以沙壤土或黏土为主,少量为粉沙壤土。

·障碍层:土体中常存在障碍层,如潜育层、强潜育层、白土层、矿毒以及沙砾层等。

---

① 1亩约等于666.7米^2。

·耕层厚度:耕作层较薄,一般只有10～15厘米,少数不到10厘米,部分犁底层发育不良或不发育,容易漏水、漏肥。

·有机质含量 土壤有机质含量变化幅度较大,一般在10.0～15.0克/千克之间,少数潜育水稻土大于35克/千克,地处江滩或山区冲垄田的沙质土壤,常小于10克/千克。

·适种范围 由于土壤限制性因素的影响,常影响作物的适种性,特别是对秋种作物选择性强,适种作物单一,有的影响水稻适时栽插和正常生长。

·单产水平 水稻产量多在300千克/亩左右或更低。

按照上述划分标准,全省低产田大约为165.3万公顷,其中水稻低产田75.3万公顷,占耕地面积的12.1%,占低产田面积的45.55%。

(2)中、低产稻田土壤的类型与分布

①中产稻田土壤主要类型包括脱潜水稻土中的脱青潮沙泥田、脱青湖泥田等土种;潴育水稻土中的泥质田、棕红泥田、马肝田、黑粒土田等土种。

②低产稻田土壤主要类型包括渗育水稻土中的渗泥质田、黄白土田等土种;淹育水稻土中的浅泥质田、浅马肝田等土种;潜育水稻土中的青紫泥田、青马肝田、青湖泥田、陷泥田、青潮沙泥田、烂泥田等土种;漂洗水稻土中的淀板田、澄白土田、香灰土田等土种;潴育水稻土中的石灰性泥田、潮沙土田等土种。

③中、低产稻田区域分布。在江淮丘岗地区,有大面积的渗育、淹育、脱潜、漂洗等亚类的中、低产水稻土,主要分布在丘岗的冲、塝、圩、畈处,在部分低圩和山、冲的下部还有少量的潜育和低肥的潴育水稻土。在沿江地区,中、低产土壤主要是潴育和潜育水稻土,主要分布在沿湖、圩、畈地和少数的低圩田、圩心田。在皖南山区,中、低产土壤主要是水田中、低产土壤,主要分布于山坞的陷泥田。大别山区的中、低产土壤中,水田的面积较大,其中,低产土壤类型主要为渗

育、淹育、潜育、漂洗和低肥的潴育水稻土，分布较广，从海拔10米到800米左右的山地水田，从平原、山丘、河谷、盆地到岗塝、冲、畈等地貌均有分布。

(3)低产稻田土壤改良措施 淀板田、澄白土田等水稻土多具有严重的澄性，水田耕耙后，土粒迅速下沉，浑水很快澄清，表面结成硬壳，踩下去不陷也不黏，给水稻插秧带来困难。插秧费劲，秧难以插稳，容易漂秧。同时，秧苗插后返青缓慢，分蘖发生迟且分蘖少，甚至不分蘖。澄白土田阳离子交换量低，一般为8.0～10.0毫摩尔/千克，土壤不耐肥也不保肥。

①深耕改土。进行深翻可将稻田底层黏粒含量较高的土壤翻上混合，以增加耕作层土壤的黏粒含量，但需注意不能一次耕翻过深，以免将生土翻上过多，影响当季水稻的生长。可以采取逐年加深的方法，还可以采取客土的办法，把塘泥、沟泥、老墙土等或黏性土壤客入以改善土壤。

②种植绿肥，增施有机肥。种植绿肥或增施有机肥料，可以增加土壤有机质含量，改良澄性，提高土壤养分含量及保肥力；化肥施用要采用少施多次的方法，在插秧前切不可施用化肥或石膏。

③独立排灌，避免漫灌。塝田及冲田要开好排灌沟，改大水串田、漫灌为每块田各立门户，单灌单排，水稻生长期间不宜落水晒田，以免愈晒愈板。

④改变操作技术。水田耕作、插秧采取边耕、边耙、边插秧的方法，以利于插秧及提高秧插质量，促进秧苗生长。在栽秧时，用肥泥沾秧根，也有减轻澄板促进成活的作用。秧苗活棵后要多次耘田，增加土壤的透气性。同时，带水耘田多搅浑水，使秧苗根上能够多得到一些细泥。

沿江圩区的青丝泥田、青湖泥田等潜育型水稻土，一般多属中产土壤，其共同特点是质地较细，土层深厚，有机质含量较高，保水保肥性强，有机肥料分解缓慢，施肥效果持久。青丝泥田，青湖泥田等潜

育型水稻土潜在肥力较高，但因为地下水位过高，排水不良，土壤通气性能差、含氧量低，还原作用旺盛，土壤肥力的发挥受到一定限制，而且春季土壤温度回升较慢，影响早稻的生长。圩区潜育型水稻土的改良，关键问题在于防止洪涝灾害，降低过高的地下水位，以及改冬沤为冬季种植麦、菜作物或绿肥。

·及早排水，早耕晒垡，风化土壤：早稻可在收割前排干水，中稻应在稻子黄熟垂头后排干水。稻子收割后若条件允许，应及时耕翻晒垡、冬融。

·改善排灌条件：建立排水系统，实行高畦深沟，降低地下水位。

·改变灌溉方法：圩区潜育型水稻土在水稻生长期间，要多耘田，勤晒田，重晒田，以提高土温，促进通气，加速养分转化，有利于提早分蘖，促进水稻根系生长、扎根较深，防止与减少倒伏发生。

·种植绿肥：冬季增加绿肥种植面积，减少冬沤及冬闲面积。

山区冷水田大部分属潜育型水稻田，因田水温度低，土壤冷性较大，影响秧苗分蘖与生长。冷水田可在冷泉出口处建蓄水池（晒水池），用来积蓄冷水，经阳光晒暖后再灌田；或在泉口附近开迂回水沟，使冷水在沟中晒暖。陷泥田可在田的周围开深沟，以降低地下水位。为了改善土壤物理性质，可掺沙性土壤，施用石膏与有机肥料等。

三、水稻的生长发育

1.水稻的一生

在栽培学上，水稻的一生是指从种子萌动开始到新种子成熟。在水稻生育过程中，包括两个彼此紧密联系而又性质不同的生长发育阶段，即营养生长阶段和生殖生长阶段。营养生长阶段向生殖生长阶段转化是以幼穗开始分化为标志的（水稻的一生见图 1-1）。

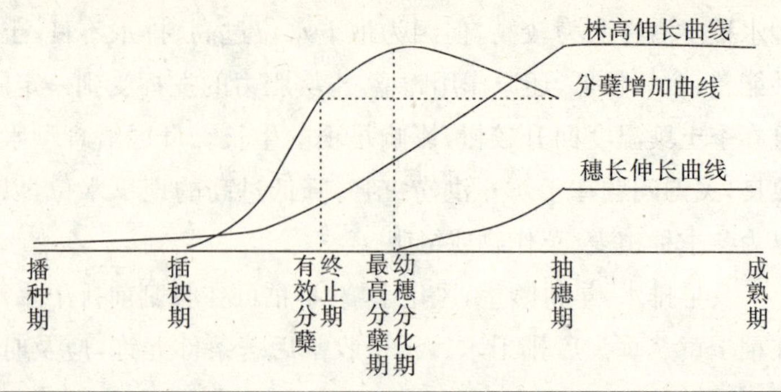

幼苗期 秧田分蘖期	分蘖期			幼穗发育期			开花结实期		
秧田期	返青期	有效分蘖期	无效分蘖期	分化期	形成期	完成期	乳熟期	蜡熟期	完熟期
营养生长期				营养生长与生殖生长并进期			生殖生长期		
	穗数决定阶段			穗数巩固阶段					
	粒数奠定阶段			粒数决定阶段					
				粒重奠定阶段			粒重决定阶段		

图 1-1　水稻的一生简图

水稻营养生长期是营养体数目及体积的增长期，包括种子发芽和根、茎、叶、蘖的分化及生长，并为过渡到生殖生长期积累必要的养分，分为幼苗期和分蘖期。从稻种萌动开始到三叶期称为“幼苗期”；从四叶出生开始发生分蘖直到拔节为止为“分蘖期”。在水稻育秧移栽时，由于秧田秧苗密度高，大部分秧苗在秧田期不发生分蘖，少数秧苗虽有分蘖，除具有 3 片以上叶的分蘖移栽后能继续生长外，其余小分蘖多因移栽时受伤而消亡。在稀播的秧田（如杂交稻），秧苗在秧田期分蘖正常发生、生长，可以利用秧田大分蘖（有 3 个以上叶片）以代替一部分基本苗，所以育秧移栽时，营养生长期又可以分为秧田期（播种到拔秧）和大田分蘖期，从四叶期到拔秧也可称“秧田分蘖期”。秧苗移栽后，由于根系损伤，有一个地上部生长停滞和新根萌发的过程，约需 4～6 天才恢复正常生长，称“返青期”。返青后不断发生分蘖，到开始拔节时，生长中心转移，分蘖不再发生，分蘖数

(茎蘖数)达到最高峰。分蘖高峰期后,稻株从发根节以上的节间开始伸长,称为拔节,到抽穗后4～7天,拔节过程才停止。分蘖在拔节后向两极分化,一部分出生较早(一般具有3个以上叶片)的大分蘖继续生长,能正常抽穗开花结实,称为"有效分蘖";一部分出生较迟的小分蘖,生长逐渐停滞,不能抽穗或死亡,称为"无效分蘖"。在分蘖期内发生有效分蘖的时期称"有效分蘖期",发生无效分蘖的时期称"无效分蘖期"。

生殖生长期是结实器官的分化、生长期,包括幼穗的分化形成和开花结实,分为长穗期和结实期。长穗期从幼穗分化开始到抽穗止,一般需要30天左右,生产上也常称为"拔节长穗期"。实际上在稻穗分化的同时,节间伸长、新叶抽出、根系扩大仍在进行。因而,严格地说,从稻穗分化到抽穗是营养生长和生殖生长并进时期,抽穗后营养生长基本结束,完全是生殖生长期。结实期从穗抽出开花到谷粒成熟,又可分为开花期、乳熟期、蜡(黄)熟期和完熟期。结实期因所处气候条件(主要是温度)和品种特性不同,一般在25～50天之间。

2.水稻的生育期

水稻从播种到成熟持续的天数称为"生育期",从移栽到成熟称本田或大田"生育期"。水稻的生育期是品种的固有特性。同一品种在同一地区,在适时播种、移栽的季节下,其生育期是比较稳定的;而在不同地区,或在非正常的播种、移栽的季节下,其生育期则有变化。南方稻区,根据水稻品种生育期长短,把水稻分为早稻、中稻与晚稻三类,每一类中又分为早熟、中熟和迟熟等不同熟期的品种。根据稻作栽培制度的不同,在适宜稻作生长季节能栽一季的称"一季稻"或"单季稻",能栽两季的称"双季稻"。在双季稻区又分前季稻(连作早稻或双季早稻)和后季稻(连作晚稻或双季晚稻)。

3.水稻的器官形成

(1)种子 水稻种子就是农业上所称的稻谷。

①水稻种子的结构。稻谷由糙米(颖果)和谷壳两大部分组成(稻谷的外形及结构见图 1-2)。

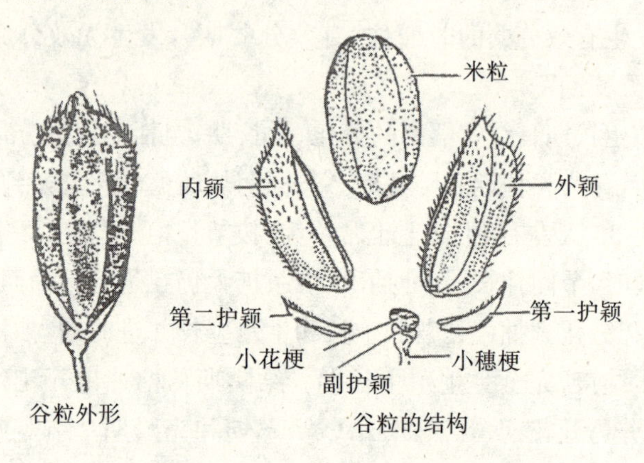

图 1-2 稻谷的外形及结构

谷壳主要由内颖和外颖构成,其两缘相互钩合,对其内的糙米起保护作用。谷壳内含有香草酸、脱落酸、谷壳内脂 A、谷壳内脂 B 等发芽抑制物质,稻种休眠期的有无和长短与其发芽抑制物质含量的多少及其与发芽促进物质的比例有关。水稻播种催芽前暴晒、浸种,可降低种子内发芽抑制物质的浓度,对种子发芽有明显促进作用。谷壳内还含有烟酸酰胺等生理活性物质,有降低叶绿素分解及促进幼苗生长的作用,促进壮苗形成。

糙米由果皮、种皮、胚和胚乳(糊粉层与胚乳淀粉组织)组成。果皮、种皮、糊粉层在精米加工的过程中均成为米糠,故合称为“糠层”。糊粉层由胚乳最外层的 1～4 层小方形细胞组成,内含蛋白质性的糊粉粒以及脂肪、维生素和酶类等物质,对萌发过程中胚乳的分解、转运等消化过程起重要作用。胚乳淀粉组织是胚乳的主体,约占糙米

重量的90%。胚乳细胞被淀粉粒充实，同时含有一定量的蛋白质颗粒。这些淀粉和蛋白质供给稻种萌动和幼苗生长所需的物质和能量。

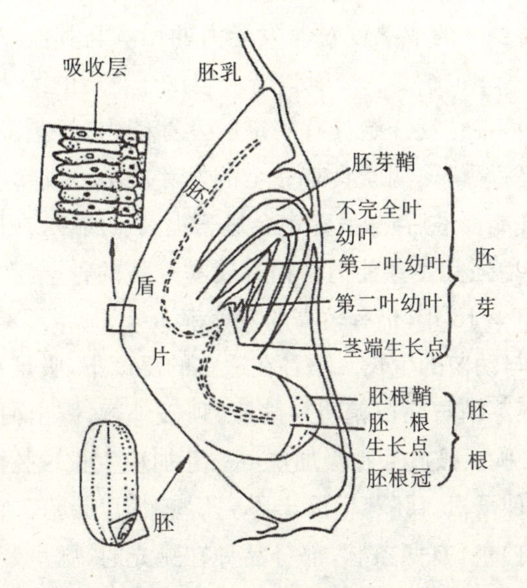

图1-3　稻胚的结构

胚在糙米的下腹部（外颖的一侧），重量约占糙米的2%，但已可分辨出稻株的雏形（稻胚的结构见图1-3）。胚的上端为胚芽，下端为胚根，中间为胚轴，盾片着生于胚轴靠上胚乳的一侧。胚芽由1个茎端生长点、1个叶原基、2～4个幼叶（一般多认为2个幼叶）和1个胚芽鞘构成。胚根由胚根鞘、胚根生长点、胚根冠构成。盾片紧靠胚乳的一面，有一栅栏状的细胞层叫吸收层或上皮层，其内含有多种酶类，在稻种萌动和幼苗生长的过程中，有促使胚乳贮藏物质分解并将其吸入胚、供胚生长的作用。

②水稻种子的萌发能力。水稻种子的萌发能力主要与种谷的成熟度、休眠状态、贮藏的条件及时间长短有关。水稻种子的休眠期长短在品种间差异很大。有些品种的休眠期很短，甚至没有休眠期，在

灌浆结实后期,如遇连绵阴雨天气,或在发生倒伏的情况下,稻谷会在穗上发芽,即"穗芽"现象,降低产量及品质。有些品种的休眠期可长达7个月以上。一般结实期间温度低,种谷的休眠期往往较长;反之则短。水稻种子的成熟度对萌发能力的影响与其他作物一样,成熟度越高,发芽率也越高。一般栽培水稻在开花后的第7天,胚的分化基本完成时,谷粒就开始具有一定的发芽能力;开花14天后的发芽率明显提高;至蜡熟期就具有完全的发芽能力。成熟度较低的稻谷经干燥处理能促进后熟,发芽率会显著提高。所以,在播种前应充分暴晒,可以增强其发芽能力。稻谷属易贮藏的种子,在低温、低湿下种谷保存10～15年,仍有较高的发芽率。

(2)发芽与幼苗的生长　稻谷在适宜的温度下,吸足水后开始萌动。首先是胚芽鞘与胚根鞘明显膨胀,顶破外颖,露出白色的胚部,称为露白或破胸。破胸后呼吸加快,根、芽加快生长。胚根突破胚根鞘,成为1条种子根。胚芽鞘露出谷壳后,称为"芽鞘",它是由叶转化而来的,呈白色,有两条脉,部分品种在见光时,脉呈紫色,有时可作为鉴别品种真伪的标志。芽鞘伸长终止前后,向谷壳一侧弯曲,从顶端出现裂口,绿色的不完全叶从中抽出,芽苗开始呈现绿色,称为"现青"。不完全叶出现后不久,新叶从其中抽出,为第一完全叶,简称"第一叶"。同时在芽鞘节上先后发生5条不定根,温湿度适宜、氧气充足时,这5条根都能正常生长,且生长良好;在发芽条件不好的情况下,一般只发生2～3条。生产中常可用芽鞘节根的多少作为秧田初期栽培条件优劣的诊断指标之一。第一叶抽出后紧接着抽出第二叶,在第二叶抽出期无新的不定根发生。所以,芽鞘节根的多少与生长状况,对扎根立苗和离乳期(3叶期)前后秧苗的生长起十分重要的作用。第二叶完全展开时,第三叶开始抽出,此时在不完全叶节上开始发根,发根与出叶相差3个节位,这一关系一直保持到拔节前(水稻幼苗出叶发根过程见图1-4)。从种谷萌动到第三叶抽出,芽苗不发生分蘖,但第一、二、三叶腋的分蘖芽在此期陆续形成,并进一步

生长。这些低位分蘖芽一般能长成有效分蘖，生产力较强，是壮苗的重要指标。

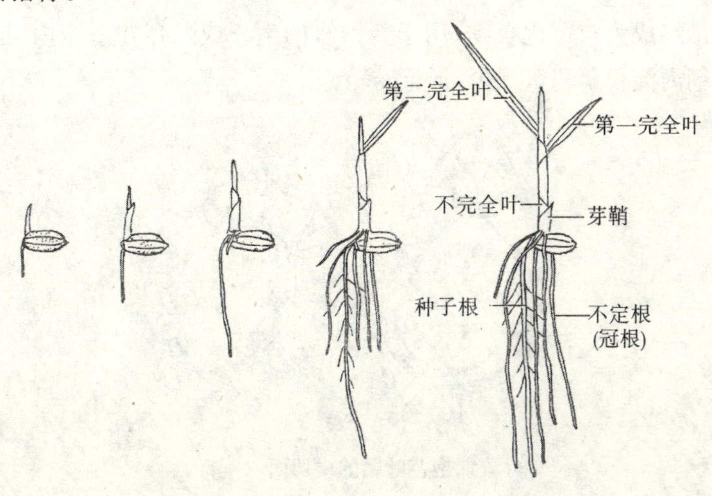

图 1-4 水稻幼苗出叶发根过程

(3)稻叶的生长 稻叶主要由叶片、叶鞘、叶枕、叶耳和叶舌五部分组成。水稻的第一个绿叶，叶片退化成一个很小的三角形，存在于叶鞘的上端，肉眼不易见，称为“不完全叶”，计数叶龄时不计算在内。除此叶外，各叶的叶片发育健全，形状呈披针形，称为“完全叶”。自第一个完全叶起，各叶依次称为第一、二、三……叶，常以 1/0、2/0、3/0……表示。我国栽培稻的主茎叶数(完全叶)多数在 11～19 片之间，生育期短的早稻叶片数少，生育期长的晚稻叶片数多。水稻品种一生的叶片数(完全叶)大约等于生育期(天数)除以 10，再加减 1。叶片长度变化的规则为：从第一叶起向上叶长逐渐增长，至顶倒数 2～4 叶最长，以后叶长又由长渐次变短。

稻的叶鞘中央厚、两缘渐薄，叶或茎卷抱在其内，叶鞘在茎完全形成前起支撑作用(叶鞘横切面的形态变化见图 1-5)。叶鞘抱茎紧密的品种抗倒力较强，是选育抗倒品种的参考标志之一。叶鞘的薄壁细胞有贮藏淀粉的功能，最上位的 3～4 个叶鞘抽穗前蓄积的淀粉是籽粒灌浆物质来源的一部分。叶鞘内淀粉蓄积量的多少是稻株生理状况的反映，生育中期氮素供应过高，稻株吸氮多，大量的光合产物最终成为含氮化合物，用于新器官的生长或贮存在组织内，这样，叶鞘内淀粉蓄积量减少，干重变轻。

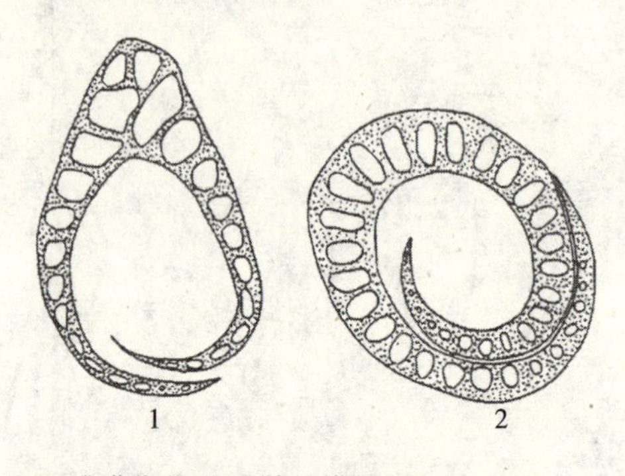

1. 分蘖期抱茎叶鞘的横切面

2. 从地上第一节间始抱茎叶鞘的横切面

图 1-5 叶鞘横切面的形态变化

叶片的基部与叶鞘交界处白色带状部分，称为叶枕。叶枕的形状、质地、植物激素含量与叶片的伸展角度有关，叶枕宽而厚实，赤霉素含量低的品种叶片多上举。叶枕内面从叶鞘上端伸长出的舌状膜片，称为“叶舌”。在叶枕与叶鞘的交接处，生有一对毛钩状的器官，称为“叶耳”，叶耳上生有茸毛。稗草没有叶耳，这是稗与稻的区别。但也有极个别的水稻品种无叶耳、叶舌，称为“筒稻”。

稻叶的分化生长过程可分为 4 个时期：叶原基分化形成期；叶的组织分化期；叶片伸长期；叶片抽出期。叶片完全展开后不久，叶鞘停止生长，全叶伸长结束，叶片进入功能盛期（稻叶的分化及生长过程见图 1-6）。

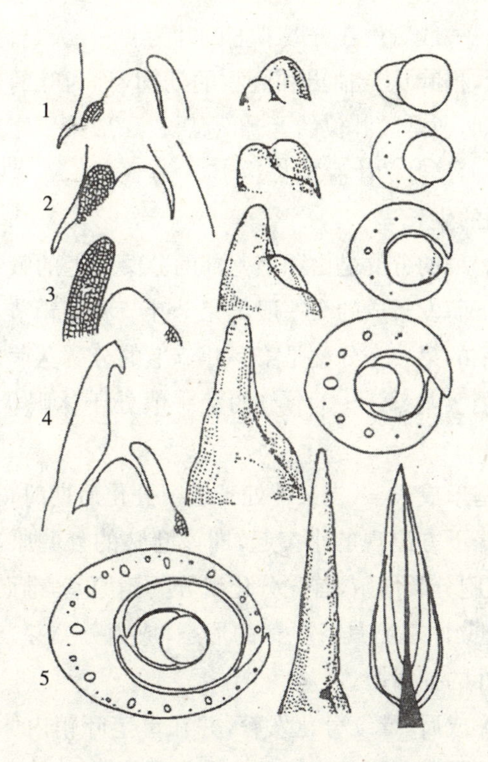

1～4:左侧为纵切面,右侧为横切面,中间为外观立体图　5:左侧为横切面,右为已展开叶片,中间为立体图

图 1-6　稻叶的分化及生长过程

稻株的营养生长期(幼苗期除外),相邻的各叶分化进程保持着大体稳定的顺序关系;即心叶内包着 3 个幼叶和 1 个叶原基。心叶(n)叶处于叶片抽出期;($n+1$)叶处于叶片伸长期;($n+2$)叶处于叶组织分化期的后期,呈笔套状;($n+3$)叶处于组织分化期的前期,呈风雪帽状;($n+4$)叶为原基突起状。水稻某叶的叶尖开始抽出至叶片全部抽出,经历的时期称为某叶龄期(简称叶期)。且前一叶的完全抽出和后一叶的开始抽出是同时进行的,故相邻的两叶期相衔接,各叶龄期依次连续。水稻一生中各叶龄期的长短大体随生育进程的

进展而变长。一般着生在分蘖节上的叶为4～6天，着生在茎秆上的叶为7～9天，稻叶从全抽出到衰亡的期间，称为叶的生存期。稻株各叶的生存期，通常随叶位的上升而延长，一般第一至三叶的生存期为7～10天，而顶叶的生存期长达45～60天。

(4)分蘖的生长

①分蘖。稻的分蘖是由稻茎基部的分蘖节上的腋芽(分蘖芽)在适宜的条件下萌发长成的。一般不完全叶节和芽鞘节上的芽不能萌发成分蘖。稻的第一个分蘖是第一叶节上的分蘖芽萌发成的。茎秆节上的芽与稻茎基部1～3个节的芽一般处于休眠状态，不萌发成分蘖。

分蘖原基形成很早，当某叶处于组织分化后期时，在其上位的风帽状幼叶叶缘下方出现的小突起，即该叶腋的分蘖原基。分蘖原基出现后，经细胞分裂增殖，首先分化出分蘖鞘原基，继而分化出第一、二叶原基，分蘖原基已具备了芽的形态，成为分蘖芽。此时，正是其母茎同节位叶的抽出期。

分蘖芽形成后，继续分化发育，并在母茎叶鞘内伸长，最终抽出同位叶的叶鞘而成分蘖。初抽出的是分蘖的第一叶。主茎第一号分蘖的第一叶(1/1)和主茎的第四叶(4/0)同时抽出；第二号分蘖的第一叶(1/2)和主茎的第五叶(5/0)同时抽出……由此类推，所有的第一次分蘖的第一叶与其主茎的上3位叶同时抽出，也就是说分蘖的抽出较主茎出叶低3个节位，即叶、蘖同伸现象(n—3)。

②有效分蘖与无效分蘖。分蘖从抽出到3叶期前，没有自生的根系，叶面积小，生长所需的营养主要靠母茎供应。分蘖自3叶期开始发根，叶面积也逐渐扩大，约至4叶期分蘖开始具有独立吸收营养、生活的能力。此后，分蘖和主茎间物质的相互运转越来越少，最终可以把分蘖看成独立的个体。在分蘖期生长条件较好情况下，主茎叶片的光合产物除多数运往自身的根、茎、叶外，有相当一部分供给幼小的分蘖。但当主茎拔节孕穗之后，其光合产物运至分蘖的量

就急剧减少。一般在主茎开始拔节时,不具有3片及以上叶片的分蘖,常因得不到营养的供应,生长停滞而死,成为无效分蘖;4叶期(3叶1心)以至更大的分蘖,此时已能独立生活,可继续生长直至抽穗结实,成为有效分蘖。

③大田有效分蘖期和有效分蘖数的变化。大田的实际分蘖发生情况是随多种因素的变化而变化的,成穗情况也有较大变化。如在群体小、中后期营养条件好的情况下,有相当多的在主茎拔节时2叶1心的分蘖也能成穗,甚至少数1叶1心的分蘖也能成穗,大田有效分蘖期就较长;在群体过大、中后期营养条件差的情况下,主茎拔节时3叶1心甚至更大的分蘖也可能死亡,大田有效分蘖期就较短。因而,用上述对大田有效分蘖情况的分析来定量预测分蘖成穗数,显然是困难的。但是,作为对大田分蘖发生与成穗多少的定性分析,对确定栽插密度,以及对分蘖成穗的调控仍有一定的参考价值。

(5)稻茎的生长 稻茎有支持、输导和贮藏等方面的功能,这些功能都与其结构有密切联系。稻株的叶、分蘖和不定根都是从茎上长出来的。

①稻茎的基本形态结构。稻茎由节和节间两部分组成。茎基部的若干个节间不伸长,节密集而生,在这些节上长出根和分蘖,故称为根节或分蘖节;茎上部的4~7个节间伸长,构成茎秆(稻茎秆的茎节及叶节见图1-7)。稻茎秆的节间部呈圆筒状,其横切面呈环形,茎秆中部的空腔称为髓腔,四周是茎壁。茎壁由表皮、厚壁机械组织、薄壁组织和维管束构成。厚壁机械组织的细胞层数以及细胞壁的厚度与抗倒能力有密切的关系。薄壁组织细胞有很强的蓄积淀粉的能力,其出穗时淀粉的蓄积量和出穗后的输出量是叶鞘的1倍。

②稻茎秆的分化形成。稻茎秆的分化形成以一个节间为单位可分为4个时期:节和节间分化期、节间伸长期、节间充实期、节间物质输出期。稻株盛花期后,茎秆中贮藏的淀粉水解为蔗糖,作为籽粒灌浆物质向穗籽粒输送。土壤通透性良好、水分充足、温度适宜,是保

证茎秆中贮藏的淀粉物质转运过程顺利进行的重要外界条件。

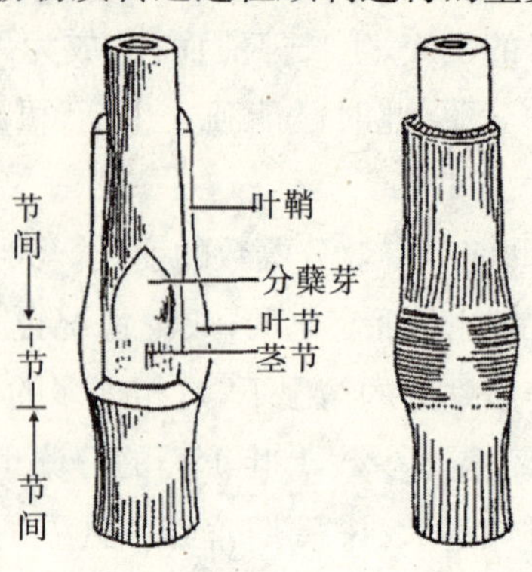

图 1-7　稻茎秆的茎节及叶节

(6)稻根的生长

①根的基本形态结构与发生。稻根有种子根和不定根 2 种。种子根是由胚根发育而成的,它的功能期大约到第 6 叶期结束;不定根是稻根的主体,不定根发生于分蘖节上。种子根和不定根上均可发生分枝,分枝根上还可以再分枝(2 级分枝),在土壤通透性好的情况下最多可发生 5、6 级分枝。稻根由表皮、皮层和中柱 3 个部分组成。伴随根区的成熟老化,表皮老化以至脱落,外皮层细胞壁木栓化,起保护根内组织的作用;皮层组织呈放射状撕裂,形成特有的根皮层细胞间隙,具有输气功能;紧靠外皮的一层皮层细胞,细胞壁明显增厚,使根的机械强度增强。不定根由节部周边维管束环的外缘上形成的根原基发育而成。在一个节上有上下两个根原基形成带,即两个发根带,分别称为节上位发根带和节下位发根带。节下位发根带发出的根较细,节上位发根带发出的根较粗。由于根原基往往在叶大维管束的插入的部位形成,所以某节叶的大维管束多,根原基就多,发根数也多。节上的根原基数一般随节位的上升而增加,大多变化在 10 至 20 个之间。节上根原基的分化、发根和分枝的时间进程与出叶期存在着密切关系。某叶抽出时,该叶节的根原基开始分化形成,根

原基分化形成后经约 2～3 个叶龄期的分化发育，即突破茎节和叶鞘发出。在分蘖期节的发根盛期与其上方的第 3 叶的抽出期相当。茎秆基部节间开始伸长后，因节的发根延缓，其发根盛期与其上方的第 4 叶抽出期相当，延迟 1 个叶龄期。一个节位从少量发根，经旺盛发根，到发根终止，跨 3 个叶龄期。根伸出后约经 1 个叶龄期即可发生分枝。综上所述，可将分蘖期根的分化发生与出叶的关系总结为(拔节后的发根情况可依此类推)：

n 叶抽出≈n 节根原基分化出现≈$n-1$ 节根原基数增殖≈$n-2$ 节根原基分化发育(少量发根)≈$n-3$ 节旺盛发根≈$n-4$ 节发生 1 次分枝根(少量发根至发根终止)≈$n-5$ 节发生二次分枝根

②根系消长与分布。稻根的条数与总长度在分蘖期随分蘖的发生而增加，到拔节、穗分化初期前后增加最迅速，到抽穗期达最大值，而后逐渐减少。在总根数中新、老根的比例，随生育进程的推移及环境条件的变化而在不断地变化。移栽后稻苗初发根几乎都是新根，而后发根节位不断上移，自下而上先发生的下位节上的根顺次衰老。因此，总体而言，老根的比例越来越大。

水稻根系主要集中分布在耕作层中，其中离土表 0～10 厘米的土层中根量约占 80%，特别是 0～5 厘米的表土层分布最多，耕作层以下分布很少。水稻根系的分布随生育进程变化而变化的情况大体为：移栽初期至生育中期，根系主要向斜下方发展；到抽穗期，根系的生长主要垂直向下，根系的分布与中期相比明显的特征是，分布在土表和深层的根系增加。

③土壤条件对根的颜色及形态的影响。

·稻根颜色变化的规律：稻根由于能向根际分泌氧，并存在释放过氧化氢的乙醇酸呼吸途径，所以稻根周围存在一个局部的含氧量高的区域，使稻田还原性土壤内镶嵌着众多的根际氧化区(氧化小环境)，这对稻根的活动与生长有极重要的意义。水稻的新根以及老根的根尖部位的活力强，分泌氧的能力也强，形成的根际氧化区就宽

(有数毫米),土壤中的低价铁离子在离根较远处被氧化为高价铁而沉淀,不会沉积于根表,其他还原性物质也会在远离根表处被氧化。所以新根以及老根的尖端保持着新鲜的白色。随着根的伸长,外皮层木栓化,根基部趋于衰老,其分泌氧力下降,只能形成很狭窄的氧化区,低价铁在根表附近氧化,氧化铁沉积于根表,使根的外观呈棕黄色。此铁膜对根有一定的保护作用。根区的活力进一步衰退,在根失去了泌氧能力或土壤长期缺氧还原性过强的情况下,铁的硫化物沉积于根表,根外观呈黑色。起初这类根区的组织并未中毒,仍具有输导功能,若土壤通透性改善,铁的硫化物尚可被氧化而褪色。但当较多量的硫化亚铁沉积于根表,以至有硫化氢进入根内、硫化亚铁沉积于根内部时,导致根变黑、甚至变烂,这样的黑根、烂根的活力与功能丧失殆尽,黑色也不可逆。所以,农谚"黄根保命、黑根要命"说的就是这个意思。

·土壤还原性对根形态的影响:土壤的还原性强对单根形态的影响表现为使根尖的形态变得圆钝,以至肿胀,最终腐烂;根的伸长受阻,根的分枝区变短,根的分枝受阻,接近根尖端部的根呈狮尾状;中柱鞘上形成的分枝根原基不能发育成正常的根,而滞留在皮层内。

(7)稻穗的发育

①稻穗的形态结构。稻穗为圆锥花序,由穗轴(主梗)、一次枝梗、二次枝梗(个别品种有三次枝梗)、小穗梗和小穗组成。从穗颈节到穗顶端退化生长点是穗轴。穗一般有8～15个穗节,穗颈节是最下位的穗节,退化的生长点处于最上的穗节。穗轴上长出的分枝,称为一次枝梗;一次枝梗上长出的分枝,称为二次枝梗;其余以此类推。每个一次枝梗上直接着生6个左右小穗梗,每个二次枝梗上着生3个左右小穗梗,小穗梗的末端着生一个小穗(稻穗的形态见图1-8)。

穗轴的结构与茎的结构相似,在每个穗节处有1个(或2个)大维管束伸向一次枝梗,穗轴内的大维管束数逐一减少,同时由下而上逐渐变细。一次枝梗以2/5的开度绕穗轴而生,有些品种穗下部的几个穗节距很短，穗节密集，这样使其一次枝梗近于对生或轮生状。在穗的最下部可能有部分一次枝梗、二次枝梗（连同其上的颖花）或单个的颖花停止生长而退化，这些退化了的枝梗或颖花在长成的穗上均会留下可辨的痕迹。稻穗的长度变化很大，但大多在 20 厘米左右。稻的小穗从植物发生学的角度看有 3 朵小花，小穗的两个颖片退化呈两个小突起，即第一、二副护颖；基部的两朵退化小花只有外颖可见，即第一、二护颖；顶小花正常发育有内顺、外颖、2 个浆片、6 个雄蕊和 1 个雌蕊。习惯上把稻的一个小穗称为一朵颖花。稻的小穗结构见图 1-9。

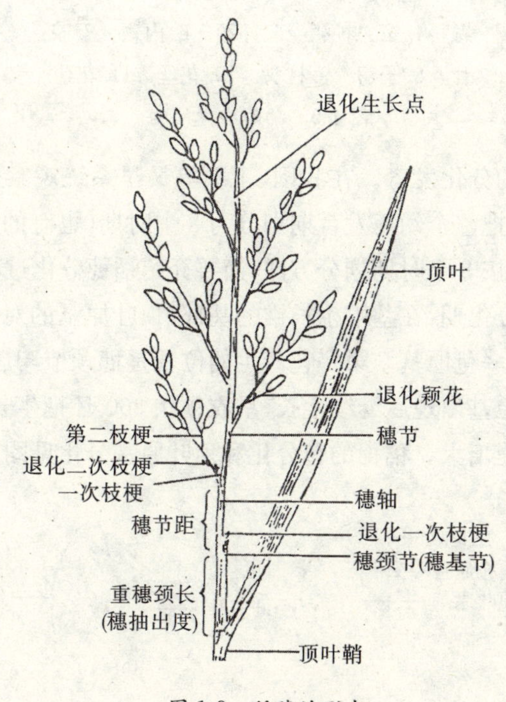

图 1-8　稻穗的形态

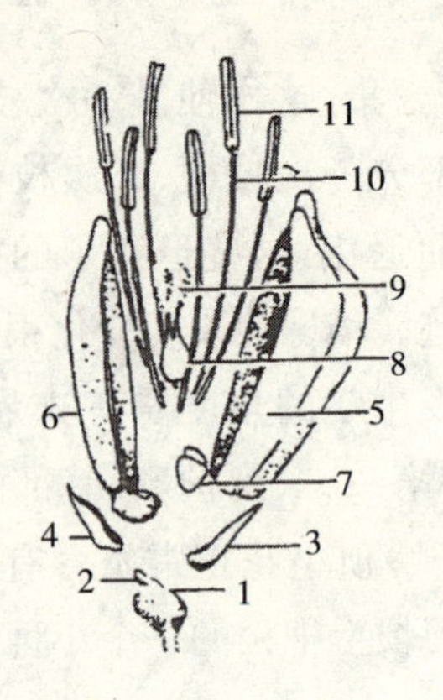

1. 第一副护颖　2. 第二副护颖　3. 第一护颖　4. 第二护颖　5. 外颖　6. 内颖　7. 浆片　8. 子房　9. 柱头　10. 花丝　11. 花药

图 1-9　稻的小穗结构

②稻穗的分化发育。在我国，丁颖等最早系统观察研究了稻穗的分化过程，把整个幼穗发育期划分为 8 个时期（也有的划分为 4 个时期）。下面按 8 个时期划分方法，简要介绍稻穗分化过程。

第一苞分化期：在茎端生长锥的基部，顶叶原基的对面分化出环纹突起，即第一苞原基。第一苞着生的位置是穗颈节，其上部就是穗轴。第一苞原基出现后继续生长，呈衣领状 360°环抱生长锥，生长锥的体积也迅速增大。稻穗的苞分化和顶叶原基分化见图 1-10。

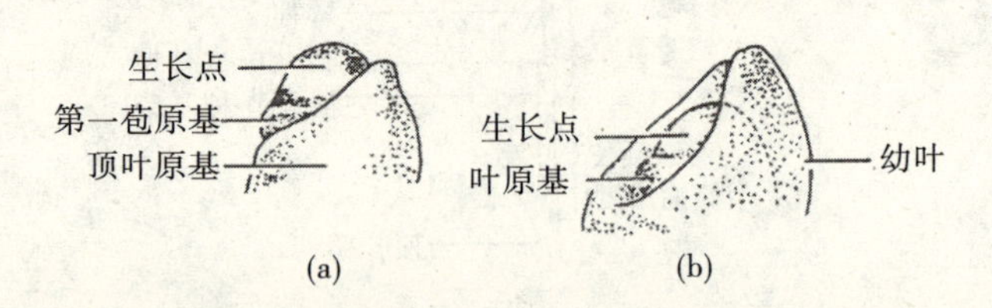

图 1-10　稻穗的苞分化和顶叶原基分化

一次枝梗原基分化期：生长锥上出现新的横纹，即第二苞、三苞……原基，它们的形态只是生长锥上的一段弧形的纹，大小远不及第一

苞。从第一苞的腋部起，由下而上各苞的腋部长出乳头状小突起，这是一次枝梗原基(见图1-11)。一次枝梗原基迅速长大，在其基部长出白色的苞毛，这就是第一次枝梗原基分化期。

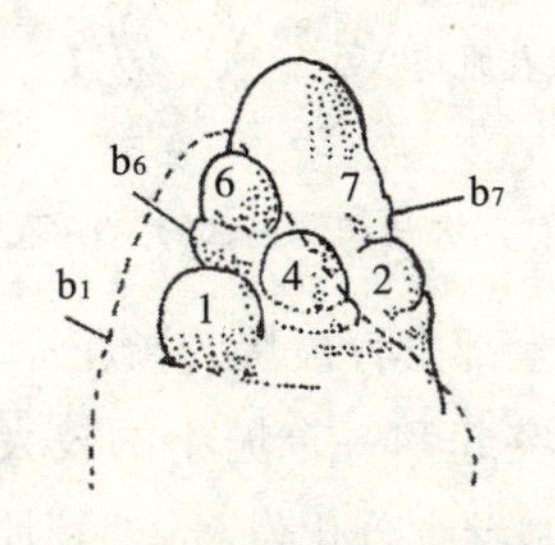

1、2、4、6、7由下而上各第一次枝梗原基；

b_1、b_6、b_7第一、六、七苞。

图1-11　一次枝梗原基分化中期

二次枝梗原基及颖花原基分化期：一次枝梗原基逐渐长大，其基部出现很浅的苞的横纹和小突起，该小突起就是二次枝梗原基(见图1-12)。在一次枝梗原基上，小突起的分化向上发展，这些一次枝梗上部的小突起便是颖花原基。不久二次枝梗原基上分化出新的突起(见图1-13)，这也是颖花原基(个别为三次枝梗原基)。同时在二次枝梗原基和颖花原基着生的部位，也长出许多白色苞毛。接着，发育快的颖花分化出副护颖、护颖和内颖、外颖的原基，二次枝梗原基和颖花原基分化期到此为止。这时幼穗长度一般已有1毫米以上，为浓密的苞毛所被覆，不拨开苞毛就看不到里面的枝梗和颖花原基。

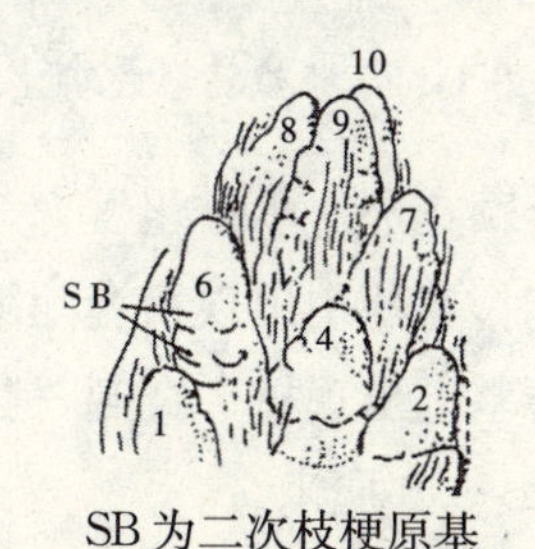

SB为二次枝梗原基

图1-12　二次枝梗原基分化初期

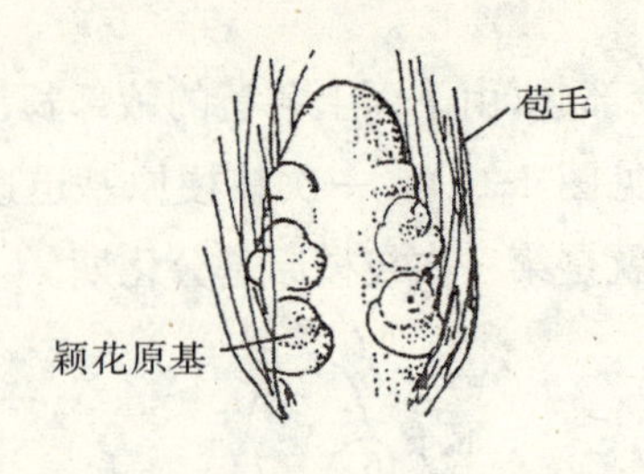

图 1-13　二次枝梗原基上分化颖花原基

雌、雄蕊形成期：穗上部发育最快的颖花原基，在内、外颖原基上方分化出 6 个雄蕊原基突起和一个居中的较大的雌蕊原基突起(见图 1-14 左图)。颖花原基继续分化发育，外颖原基长成风帽状，包裹花器大部；内颖原基这时较小，被覆着花器的另一面并迅速生长。当幼穗顶部发育最先进行分化的颖花分化到这一程度时(见图 1-14 右图)，幼穗长为 5～6 毫米。这样的分化由穗上部的颖花向穗下部的颖花推进。

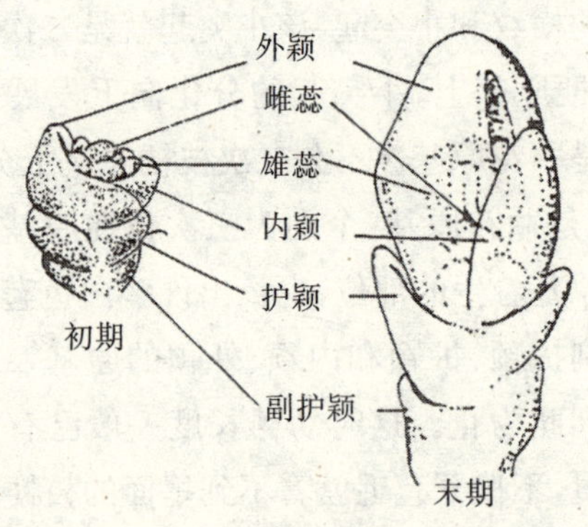

图 1-14　雌雄蕊形成期

花粉母细胞形成期：颖花进一步分化发育，当颖花的长度达到最终长度的四分之一左右时，花药中出现粉囊间隙，造孢细胞分裂形成花粉母细胞，同时雌蕊原基上出现柱头突起，穗中上部的颖花花粉母细胞形成时，幼穗长 1.5～3.0 厘米。

花粉母细胞减数分裂期：当颖花的长度接近最终长度的 1/2 时，

其花药内大量的花粉母细胞进入减数分裂期，颖花长度达到最终长度85%左右，此时大量四分子出现，减数分裂完成。全穗的减数分裂期是穗伸长最迅速的时期，一般穗长由3～4厘米伸长到10厘米左右。此时，穗下部一些发育落后的颖花明显停滞生长，成为退化颖花，一个枝梗上的颖花全部退化，这个枝梗便成为无效枝梗。减数分裂期是稻株对环境条件的反应最敏感的时期，如果此时出现低温、干旱等不良条件，往往会导致颖花退化或败育。

花粉内容物充实期：四分子分散，成为小球形的花粉粒，花粉外壳逐渐形成，体积增大，出现发芽孔，其细胞核进行1次有丝分裂形成1个营养核和1个生殖核，生殖核再经1次有丝分裂，形成2个精子。自第二次核分裂时起，花粉内淀粉迅速积累，花粉逐渐成为饱满的球状花粉粒。

花粉粒成熟期：颖花在抽出剑叶叶鞘前的1～2天，花粉粒充实完毕，成为淡黄色，相互间有黏液黏着。此时颖壳内形成了大量的叶绿素，颖壳呈浅绿色。

③颖花分化数的消长规律。在穗分化的过程中，自颖花原基分化期开始，穗上的分化颖花（原基）数目就不断增加。一般认为整个穗分化颖花数的决定期为雌、雄蕊分化期。而分化颖花（原基）的退化期是在全穗的减数分裂盛期。这样，可以将穗分化过程中的颖花原基数的消长过程概括为：自二次枝梗原基及颖花原基分化后期起颖花原基数不断增加；至雌雄蕊形成中期前后达最大值；减数分裂期间，因部分颖花原基停止发育而退化，分化发育颖花数减少；至出穗前7～10天，退化颖花数不再增加，发育颖花数稳定。在水稻栽培技术上，要促进分化颖花数增加，就必须在二次枝梗及颖花原基分化期前采取措施；要减少颖花退化，则必须在减数分裂期前采取措施。

(8)开花受精与结实

①抽穗、开花、受精。穗上部颖花的花粉和胚囊成熟后1～2天，由于穗下节间的伸长，将穗顶出剑叶鞘，称之为抽穗。从穗顶露出到

穗基节抽出，即整个穗抽出，约需5天。抽穗的当日或次日，穗顶端的颖花开花（开颖），全穗开花过程需经5～7天。一朵颖花两颖始开到闭合的全过程需1～2.5小时，温度低需时长，温度高需时短。水稻一天中的开花时间早迟，也主要受温度的控制，一般早、中稻在7月初和8月中上旬高温季节出穗，其花期早，在上午8时至下午1时左右，盛花期在上午10时左右；晚稻在9月中上旬出穗，温度较低时，开花时间在上午9时至下午3时，盛花期在中午12时左右。在开颖的同时，花丝伸长，花药开裂，花粉散落在自身的柱头上，称为授粉。授粉后2.5～3.0小时1个精核先后与两个极核融合，形成初生胚乳核。授粉后5～7小时另1个精核与卵结合，形成合子，双受精过程完成。水稻开花的温度范围为15～50℃，但开花时的气温低于23℃或高于35℃，开花受精就要受影响。水稻花粉外壁较薄、含色素少、抗性弱、寿命短，在自然条件下，裂药5分钟后大多已丧失活力。水稻花期遇雨，即不开颖，仍能闭颖散粉受精，但受精率降低。

②开花顺序。稻株各单茎之间，一般主茎与低位分蘖先出穗开花，后发生的分蘖后开花，但也常有例外。穗上各颖花的开花顺序是同穗的各一次枝梗间，上位的先开花，顺次向下，基部的最后开花；同一次枝梗上的各二次枝梗间亦如此；同一枝梗上各颖花间，一般是顶端颖花先开花，顶第二朵最后开，中部的几朵颖花大体同开或稍有交错。各枝梗的开花顺序虽有先后，但又多重叠，所以在中位一次枝梗开花时，每日的开花数量最多。同穗颖花开花的早迟与颖花受精后获得灌浆物质的能力有很密切的关系，早开的颖花居优势，称为强势花；迟开的颖花居劣势，称为弱势花。

（9）米粒的发育　合子形成后，经数小时的相对静止状态后，即开始进行第一次细胞分裂，不断分裂数天后形成了梨形的细胞块，再顺次分化出生长点、胚芽鞘原基和胚根原基、不完全叶原基和盾片及第1完全叶原基。约在开花后的10天，胚的形态基本完成，已有发芽能力。

初生胚乳核形成不久，就开始第 1 次细胞分裂，经 3～4 天，没有细胞壁分化的核由原生质相互联系着，在长袋状的胚囊壁内铺成两层。接着从靠近胚的核开始形成细胞壁，很快壁的分化遍及所有细胞。其外层的细胞不断分裂，胚乳细胞从四周向胚囊中央空腔推挤，大约在胚细胞停止分裂的同时，胚乳细胞的分裂也结束，不久其外层分化出现糊粉层。此后，由于胚乳细胞的长大，胚乳的体积继续增大。胚乳组织中的淀粉和蛋白质的积累是从胚乳中央部的细胞开始的，而后逐渐向四周发展，这个充实积累的过程要延续数天，具体的天数因品种、气象条件和粒位等不同而相差很大，一般在 20～40 天之间。水稻胚乳内累积的淀粉和蛋白质均呈颗粒状。

四、水稻的生长发育对环境条件的要求

通常把种子萌发到水稻新的种子产生称为水稻的一个生育周期，即生育期。整个生育期可分为幼苗期、分蘖期、拔节长穗期（穗分化期）、结实期等。一般幼苗期在秧田已完成，移栽后缓苗成活的这段时间叫返青期，返青后就开始分蘖（有的在秧田已开始分蘖），拔节后开始穗分化（有的品种穗分化与拔节同步），在幼穗分化以前，是根、茎、叶生长的时期，为营养生长期，穗分化到成熟是穗、花、籽粒生长等为主的时期，为生殖生长期。

1.幼苗期对环境条件的要求

水稻从种子萌发到三叶期称为幼苗期。幼苗期一般又可分为种子萌发阶段和幼苗生长阶段。

(1) 种子萌发阶段对环境条件的要求　种子萌发阶段主要对水分、温度、氧气等环境条件有一定的要求。

①水分。种子贮藏的安全含水量为 12%～14%（20～25℃时），这可作为风干种子的水分起点。当种子吸水达风干重的 23%时即可发芽，但只有达 36%～40%时才能发芽整齐。种子的吸水速度与水

温关系最密切，温度高吸水快，温度低吸水慢。30℃恒温条件下约需40小时才能吸足发芽所需水分，20℃需60小时才能吸足水分，10℃则需90小时能吸足发芽水分。

②温度。发芽需要的最低温度，籼稻为12℃，粳稻为10℃，适温30～32℃，最高温度可达40℃。种子萌发是一个生物化学反应过程，各反应均在大量酶的催化下进行，温度过高或过低会影响酶的作用，从而影响种子发芽，甚至导致种子死亡。

③氧气。种子萌发是一个有氧呼吸过程，必须有足够的氧气供给才能保证正常发芽、出苗，如果氧气不足，就会导致无氧呼吸，轻者会降低种子发芽速度，重者会导致酒精中毒，甚至死亡。

(2)幼苗生长阶段对环境条件的要求 水稻幼苗生长的最低温度比发芽高2℃左右，即籼稻14℃左右，粳稻12℃左右，16℃以上籼、粳稻都可顺利生长，但生长速度较慢，25℃以上幼苗才能健壮生长。除了温度以外，还要有适宜的水分、营养，充足的光照。出苗及幼苗生长期间如果低温阴雨，往往会造成烂秧、死苗。

2.返青期及分蘖期对环境条件的要求

秧苗从秧田移栽到本田，由于根系受损，有大约4天左右的成活缓苗阶段，称为返青(成活)期。返青期一般要求浅水，炎热的夏天深水层有利于返青(3～4厘米)，但水层不能过深，如果淹没了生长点(心叶)，透气性不好，也会造成死苗或成活缓慢，延长返青期。返青后以分蘖的发生、生长为中心，同时长根和长叶。分蘖的发生及生长对环境条件有一定的要求，如果条件不适宜，分蘖发生及生长受影响，最终会影响有效穗数及产量。

①分蘖期对温度的要求。水稻分蘖最低水温为16～17℃，最适温为30～32℃，最高气温为38～40℃。在20℃以下分蘖发生、生长较缓慢。低温使分蘖延迟，且影响分蘖的成穗率。因此，大田生产上要求日均温稳定在15℃以上时才能插秧。

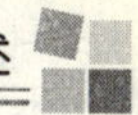

②分蘖期对光照的要求。阳光充足能提高叶片的光合强度，增加有机物的合成与积累，促进分蘖的发生和生长。据研究，在不进行遮光处理的条件下，返青后3天就开始发生分蘖，若在50%自然光照下，返青13天才开始发生分蘖，若只有5%的自然光照，不但不产生分蘖，连秧苗也会死亡。

③分蘖期对水分的要求。分蘖期是对水分较敏感的时期，在水饱和状态或浅水层的条件下有利于分蘖发生，如灌溉深水，水层超过8厘米时，会使分蘖节光照弱，氧气不足，在温度又低的情况下，将抑制分蘖发生。但是如果水分过少，持水量在70%以下时，分蘖发生亦停止。

④分蘖期对营养的要求。分蘖发生及生长需要大量的营养物质。营养充足可促进分蘖发生多、生长快。如果营养不足，分蘖发生就少，且生长慢甚至停止。分蘖所需的营养中以氮、磷、钾为主，特别是氮肥需要较多。氮、磷、钾配合施用有利于分蘖发生，且能提高分蘖成穗率。

3.孕穗期对环境条件的要求

基部第一伸长节间伸长达1～2厘米时称为拔节。大多数水稻品种拔节后即进入孕穗期。孕穗期是营养生长和生殖生长并进的时期，在这个时期水稻生长发育迅速、增长量大，此时根群量、稻株叶面积达到最大，同时稻穗开始分化。孕穗期是决定每穗粒数的关键时期，也是每亩有效穗数的巩固时期以及粒重的奠定时期。

①孕穗期对养分的要求。幼穗分化过程中，水稻的根群不断增加，最后3片叶相继长出，营养生长和生殖生长都需要大量养分，如果在这时期缺乏营养供给，对幼穗分化会产生不利的影响。所以在生产上要施用穗肥，一般在抽穗前30～35天的时追施“促花肥”，以促进颖花分化及2次枝梗数增加；在抽穗前15～20天可施一次“保花肥”，此时是雌雄蕊形成期与花粉母细胞减数分裂期，施肥可确保

营养，减少颖花退化和败育，达到增粒大穗的效果。孕穗期一方面不能缺肥，另一方面，如果肥料过多也会导致节间长度增加，增加倒伏的危险。

②孕穗期对温度的要求。水稻幼穗分化期对温度反应敏感。幼穗分化的适温为26～30℃，以昼温35℃、夜温25℃更有利于形成大穗。幼穗分化的最低温度为18～20℃，但对温度最敏感的时期是减数分裂期。在减数分裂期，遇到高温和低温的危害都会引起颖花的大量败育和不孕。生产上可以通过调整播期，避开低温或高温对穗分化的危害。

③孕穗期对光照的要求。幼穗分化需要大量的有机物供应，幼穗分化与光照强度有密切的关系，强光照有利于幼穗分化。据试验证明，在幼穗分化期如果阴雨天多、日照少，封行过早，群体大、通气性不好，幼穗分化将会严重受阻，甚至导致大量颖花退化。因此，在水稻生产上要合理密植、合理施肥管水，防止群体过大、封行过早，从而有利于促进幼穗分化，达到穗大、粒多的目的。

④孕穗期对水分的要求。从幼穗分化到抽穗是水稻一生需水最多的时期，也是对水分最敏感的时期，尤其在花粉母细胞减数分裂期，对水特别敏感，所以把这个时期称为水分临界期。在这个时期一定要保持田间持水量在95%以上，最好保持浅水层。如果缺水，会影响到颖花发育，但是水分过多受淹，也会产生不利影响，如全部淹没会造成死亡。

4.抽穗结实期对环境条件的要求

在水稻抽穗结实期，营养生长基本停止，该时期以生殖生长为主，是增粒、增重的关键时期。在管理上要尽量做到使水稻不早衰、不贪青、不倒伏。

(1)抽穗、开花与授粉对环境条件的要求

①水稻抽穗对环境条件的要求。水稻幼穗从剑叶叶鞘中抽出称

为抽穗，有10%稻穗抽出称为抽穗始期，有50%稻穗抽出称为抽穗盛期，有90%抽出为齐穗期。抽穗时由于低温或水分不足，常造成稻穗不能全部抽出，生产上把这种现象称为“包穗”或“包颈”。被包住的造成瘪粒或空壳，如杂交水稻抽穗时温度低于20℃时，会造成100%产生“包穗”而无收成。所以，生产上要尽量安排在适宜的时期抽穗，同时供给足够的水分（水层灌溉），以保证顺利抽穗。

②开花与授粉对环境条件的要求。在正常情况下，稻穗抽出就能开花。开花前首先是颖壳内的两个浆片吸水，体积膨大3～5倍，吸足水后，内、外颖张开即为开花，每朵颖花整个开花过程需1～2小时。温度对开花时间影响较大，温度高开花时间短，温度低开花时间长。在内、外颖张开时，花丝伸出、花药开裂，花粉散落到柱头上称为授粉，授粉后10～15分钟花药慢慢凋萎，同时浆片也因水分蒸发而体积缩小，内、外颖重新闭合。开花授粉期对温度、水分要求严格，温度低于22℃或高于36℃时，开花、授粉、受精受到严重影响，导致结实率大幅度降低，同时，需要充足的水分和光照。

(2)影响灌浆结实的因素

①光照。光照强度和光照时间影响光合作用及碳水化合物的积累和运输。高产水稻谷粒充实的物质有90%以上是抽穗后叶片光合作用制造的碳水化合物。因此，灌浆期的光照强度高和光照持续时间长将有利于灌浆及水稻产量的提高。

②温度。温度与灌浆结实关系密切，一般最适宜灌浆的气温为22～28℃，在灌浆期的前半段（15天左右）以昼温29℃、夜温19℃、日均温为24℃左右为宜。灌浆期的后半段（15天左右）以昼温24℃、夜温16℃、日均温为20℃左右为好。高温和低温都不利于水稻籽粒正常灌浆，同时也会影响稻米品质的优劣。

③水分。水稻灌浆期对水分的需要量仅次于孕穗期及分蘖期。如果水分供给不足，会影响叶片同化能力及同化物质的运输，降低灌浆强度，缩短灌浆时间，造成灌浆不足而减产。灌浆期水分不足还会

使稻米的品质变劣。但是，灌浆期水分不宜过多，特别是灌浆的中后期，最好采取间歇灌溉，增加土壤氧气，保持根系活力，防止根叶早衰。

④矿质营养。在灌浆期间叶片含氮量与光合能力之间有密切关系。保持适当氮素水平，可延长叶面积的功能期，维持较大的有效叶面积，提高根系活力，防止根、叶早衰，对提高水稻产量具有重要作用。因此，在齐穗期，可根据稻苗生长状况，补施一定量的粒肥等，以确保灌浆过程顺利进行，有时也可采用根外追肥的方法来补充后期营养。

第二章 水稻育秧技术

一、培育壮秧的意义

目前,水稻栽培以育秧移栽方式为主,培育适龄壮秧是夺取水稻高产的最重要基础。秧苗是否健壮,不仅影响正在分化发育的根、叶、蘖等器官本身的质量,而且还直接影响栽后的发根、返青、分蘖,以至于对有效穗数、穗粒数和结实率产生影响,从而影响水稻产量。从栽培的角度看,壮秧有利于实现宽行稀植,降低群体起点,能节省劳力及大田用肥;从形态和生理来讲,壮秧有较强的光合作用和较大的呼吸强度,使体内能积累较多的碳水化合物,壮秧的分蘖芽和维管束发育好,容易实现足穗、大穗的目标。因此,培育壮秧对夺取水稻高产具有十分重要的意义。

二、壮秧的标准

壮秧的标准因品种、茬口、气候、育秧方式等不同而有差异,但也有基本的标准。在形态指标方面,要求苗体健壮、根系发达、短白根多、苗基粗扁、叶片不软、叶色青绿、苗高及单株茎蘖数整齐一致。在生理素质方面，要求光合能力强，呼吸作用旺盛，秧苗体内积累干物质较多，碳氮比适当，抗逆力和发根力较强。

1.湿润育秧壮秧指标

(1)小苗 叶龄 3～4 叶，秧龄 15～20 天，苗高 12～15 厘米，叶色浓绿或青绿，发根数 10 条以上。

(2)中苗 以单季晚稻为例，秧龄 30～35 天，叶龄 7～8 叶，苗高 25～30 厘米，主茎绿叶数 5 片以上。苗基茎粗 0.6～0.8 厘米，单株带蘖数 3～4 个，群体带蘖率 80%以上。

(3)大苗 以单季晚稻为例，秧龄 40～45 天，叶龄 7.5～8.5 叶，苗高 30～35 厘米，主茎绿叶数 6 片以上，苗基茎粗 0.7～0.9 厘米，白根数 18～20 条，单株带蘖数 5 个以上，群体带蘖率 95%以上。

2.肥床旱育秧壮秧标准

(1)小苗 秧龄 18～20 天，叶龄 3.5～4.0 叶，苗高不超过 15 厘米，第一叶鞘高度不超过 4 厘米，百株地上部风干重 3 克以上。

(2)中苗 以常规晚粳稻为例。秧龄 35～40 天，叶龄 5.5～6.0 叶，苗高 18～20 厘米，白根数 15 条以上，单株带蘖数 2～3 个。

(3)大苗 以杂交籼稻为例，秧龄 45～50 天，叶龄 7.5～8.5 叶，苗高 25～30 厘米，白根数 20 条以上，单株带蘖数 5～6 个。

三、品种选择及种子处理

1.品种选择

品种是最基本的生产资料，一个优良品种在同样的栽培条件下可以获得更高的产量和效益，因此，应根据当地的气候条件、生产条件、栽培制度及栽培技术水平等选用株型紧凑、生育期适宜、耐肥抗倒、抗逆性强等的优质高产品种。

2.种子处理

播种前对种子进行精选、消毒等处理，选取粒大粒饱、健康的种子作为播种材料，为培育壮苗打下基础。

(1)晒种　晒种能增强种皮的透水性和透气性，提高发芽势和发芽率，使种子发芽整齐，幼苗健壮，还有杀菌防病作用。特别是对贮藏中受潮或成熟不充分的种子，晒种的壮苗效果更为明显。具体的晒种方法是选高温晴天晒2～3天。晒种时要薄摊、勤翻，使种子受光、受热均匀，翻动时动作要轻，防止损伤种子。炎热的夏天尽量不要把种子直接晒在水泥场上，以防灼伤种胚而降低发芽率。

(2)选种　选种的目的是选取粒大粒饱的种子作为播种材料，为培育壮苗打下基础。选种的方法有泥水选种、盐水选种、风力选种等。泥水选种是最简便易行的选种方法，能淘汰空秕粒、草籽和其他杂物，保证种子饱满，为齐苗全苗壮苗打好基础。具体做法是用一口大缸或水桶等容器，将水加土配成比重为1.10～1.13的泥水(如果没有比重计测定比重，可用一个新鲜鸡蛋，放入泥水中，鸡蛋漂浮水面能露出硬币大小的蛋壳，此泥水的比重为1.10～1.13)，然后将种子放入泥水中，充分搅拌，捞去漂浮在水面上层的空秕粒、草籽和其他杂物，然后取出下沉的种子，用清水洗一下即可。盐水选种方法与泥水选种方法相似，但盐水选种后一定要用清水冲洗干净。

(3)种子消毒　水稻种子是多种病害的传染源之一，对种子进行消毒处理是预防病害的简便有效的办法之一。种子消毒时应注意：药液的配制应严格按照说明书进行；在浸种过程中，每隔6小时左右要搅拌一次(1%石灰水消毒除外)，使上下种子着药均匀，用药水浸种后，将种子捞出须放清水内浸泡半小时，反复2次，以防药害。

(4)浸种催芽　水稻播种前催芽有利于一播全苗。催芽前需浸种以吸足水分。浸种时间随水温而变化，水温30℃浸种25小时左右，水温20℃浸种60小时左右，水温10℃浸种70小时左右即可。

一般在同样的水温下，杂交水稻种子浸种时间要短一些。浸种起水后进行催芽，催芽分为保温催白（谷温 35～38℃）、适温催根（30～35℃）、保湿催芽（25℃，淋水，水为主要矛盾）、摊凉炼芽（齐芽后摊凉 1～2 天后播种）四个阶段。

(5)包衣　浸种后也可以不催芽，用种衣剂包衣后直接播种。具体方法是水稻浸种后沥干水，用种衣剂拌湿种，拌匀后播种即可。一般中稻旱育秧采用此方法壮秧效果很好。

四、播期及播量确定

1.播种期的确定

播种期要依据当地气候、品种特性、茬口早迟、育秧方式等灵活确定。一般要求日均温稳定通过 12℃作为早籼稻的最早播期，如果是保温育秧，可适当提早播种，但一定要保证在日均温稳定通过 15℃移栽到大田，否则，过早播种容易造成秧龄过长而不利于高产；连作晚稻要依据安全齐穗期（安徽 9 月 20～25 日）及品种的生育期推算最迟的播期；茬口早可适当早播，茬口迟适当迟播；双季早、晚稻的早熟品种迟播，迟熟品种早播；旱育秧秧龄弹性大，可适当早播，湿润育秧要适时播种。双季早稻的冬闲及绿肥茬 3 月下旬至 4 月上旬播种，一季中晚稻在 4 月中旬至 5 月上旬播种为宜。

2.播种量的确定

苗床播种量的多少是决定能否培育壮苗的关键。一般秧龄长的要少播，秧龄短的可适当多播；育秧期间气温高的要少播，气温低的可适当多播；杂交稻要少播，常规稻多播；湿润育秧的要少播，旱育秧可适当多播。具体的苗床播种量一般常规早稻 40～60 千克/亩，杂交早稻 20～25 千克/亩，常规中、晚稻 30～40 千克/亩，杂交中、晚稻 10～12 千克/亩。

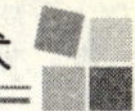

五、育秧方法介绍

水稻育秧的方法很多，可分为露地湿润育秧、薄膜保温湿润育秧、露地肥床旱育秧、薄膜保温肥床旱育秧、营养土软盘旱育秧、薄膜保温营养土软盘旱育秧等。

1.旱育秧技术要点

(1)苗床地的选择　由于是旱育苗，苗床始终不保持水层。所以要选择地势较高、平坦、肥沃、含盐碱低、渗水适中、排灌方便的地块作秧田。一般最好选择肥沃的菜园地作为苗床。如果苗床土壤肥力较低，可在入冬前结合耕翻施用有机肥进行培肥。苗床与大田面积之比以1∶(20～25)为好。

(2)做好旱育苗床　苗床宽度1.5米左右，长度随田块长度而定，在整地做畦前可适量施用腐熟的有机肥及化肥，以利于培育壮秧和便于拔秧。床土要整细、整平，做到无根茬杂草、无坷垃。

(3)选择适宜的种衣剂　粳稻品种选用粳稻专用型，籼稻品种选用籼稻专用型。采用“现包即种”的方法，包衣前先将稻种放入清水中浸泡，温度低泡24小时左右，温度高泡12～15小时，然后捞出稻种用清水冲洗，沥去多余水分至种子互不粘为止。将沥去水分的种子倒入大锅等圆底容器中，然后倒入种衣剂，边倒边拌和，直到种子全部被种衣剂包裹为止。

(4)浇足底墒水　旱育苗床播种前要浇足底墒水，使0～10厘米土层含水量达到饱和状态。浇水时要用细雾(或洒水)喷壶多次喷水，以防冲坏苗床。

(5)播种与盖土　杂交中、晚稻苗床播种量一般为每亩净秧板20～25千克，常规稻35～40千克，播种要做到分畦定量、分2～3次播完，力求均匀一致；播种后用过筛的菜园土或营养土盖1～1.5厘米，不要盖土太厚，盖土要均匀，以防出苗困难。

(6)喷施除草剂　旱育秧苗床容易滋生杂草，播种盖土后用旱育秧田专用除草剂喷施，进行封闭。注意一定要选择芽前除草剂类型。

(7)覆盖　环境温度低的条件下，播种后可用薄膜覆盖，达到增温保湿促进出苗的目的。但是，如果当时温度高，为了防高温烧苗，可在薄膜上盖一层稻草或遮阳网，起到降温保湿促出苗的效果。齐苗后揭膜，并用细雾(或洒水)喷壶浇一次水。

(8)苗床管理　旱育秧苗床期间水分管理以秧苗不萎蔫不浇水为原则，如晴天中午秧苗出现萎蔫，可在傍晚用细雾(或洒水)喷壶补水。秧苗叶色如缺肥发黄，可结合补水进行追肥，追肥以尿素为好，一般每亩苗床控制在5千克以内。同时，要搞好病虫害的防治工作，特别是要做好立枯病的防治。

2.湿润育秧技术要点

湿润育秧也叫通气湿润育秧，是在干耕干耙的基础上作秧板，上水后整平畦面，然后播种，三叶期前保持沟中有水，三叶期后畦面建立水层的育秧方法。

(1)播种前准备　首先应选好秧田，秧田应选择地势平坦、肥力较高、土质疏松、灌排方便、水源无污染、无病源、杂草少、距大田较近的田块。

湿润秧田的做法是：最好在入冬前耕翻冻融，播种育秧前再干耕干耙，然后做成1.3～1.6米宽的秧板，秧板之间开沟，一般沟宽和沟深均为17～20厘米。秧板毛坯做好后，再上水整平畦面。秧板要求达到平、软、细，表面有一层浮泥，便于种谷粘贴入土。下层要软而不糊，以利于透气和渗水。

施足基肥是培育壮秧的基础。秧田基肥应强调有机肥与无机肥相配合，氮、磷、钾齐全，有机肥以腐熟的土杂肥、厩肥为主，有机肥一般在耕地前施用，无机肥可在整平畦面前施用。

播种前还应做好晒种、精选种子、种子消毒、浸种催芽等工作。

(2)播种　根据茬口、品种特性及气候条件等确定好播种期。种子催芽后，待秧板畦面软硬适宜时即可播种。播种最好在上午进行，以争取利用中午暖和时间晒秧板，促进生长扎根。播种要稀播、均匀，使秧苗个体生长整齐一致。因此，提倡按板面定量落谷。播种之后即行塌谷，将种子半粒陷入泥中。塌谷之后，用过筛细肥土、草木灰、腐熟细碎的猪厩肥等盖种，起到保温、防晒、防雨、防雀害等作用。覆盖物要厚薄适当，均匀一致，以盖没种子为度。

(3)秧田管理

①现青扎根期。从播种到立苗(1叶1心期)，是秧苗生育的第一转变期。这一阶段的关键技术措施是保持秧板湿润而无积水，保证足够的氧气供应。管理要求是:晴天满沟水，阴天半沟水，毛毛雨天排干水，遇暴雨天气时上深水护苗，但雨后要随即排干水。

②断乳期。秧苗三叶期前后，此时胚乳养分已经耗尽，是秧苗由异养到自养的转折期。这一阶段的关键措施是早施断奶肥，即在秧苗1叶1心期施用断奶肥。用量一般为每亩秧板4～5千克尿素。断乳期前后田间应建立1～2厘米浅水层。

③断乳至移栽期。这是秧苗生育的第三个转变期。这一阶段的管理目标是调节好秧苗体内的碳氮比，提高秧苗的发根能力和抗植伤能力。关键措施是施好送嫁肥。在稀播匀播、早施断乳肥的基础上，在秧苗移栽前5～7天施送嫁肥。用量一般为每亩秧板10～12千克尿素。这一时期的水浆管理应以水层灌溉为主。在秧苗生长过嫩或过肥时，可采用间歇灌溉，但要防止脱水过久，扎根过深，导致拔秧困难。除上述管理外，还应及时做好病虫草害防治工作。

第三章
水稻栽插及插后管理

一、稻田耕整

1. 水稻土的特点

水稻土是在周期性的人为水旱交替耕作管理条件下，经历物质的氧化还原，有机质的分解、积累和矿物质的淋溶与淀积等过程而形成的特有的土壤类型。水稻土中的物质转化和积累，表现出了一系列不同于旱作土和沼泽土的特点。

稻田灌水后，耕作层土壤呈还原状态，氧化还原电位降低；在排水、晒田和冬干期间耕作层土壤氧化还原电位升高。在较轻的还原状态下，对于减少肥料损失、提高土壤养分的溶解度以及调节土壤酸碱度都是有利的。但是如果还原作用过盛，会产生大量的还原物质，对水稻体内含铁氧化还原酶的活性有抑制作用，使稻根受到毒害，妨碍根系呼吸及养分的吸收，甚至使稻根变黑死亡。

水稻土中的氮素主要来自有机物分解，其含氮物质大多数呈有机态存在，无机态仅占全氮的2%～4%。在嫌气状况下，经过一系列生物化学过程，最终在氧化作用下释放出铵态氮，铵态氮是水稻吸收氮素的最适形态。

水稻适宜在微酸到中性的土壤中生长，稻田淹水后 pH 的高低

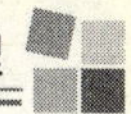

可以得到调节。

2.水稻高产对稻田土壤的基本要求

(1)田面平整、耕层深厚绵软、土壤构造良好 水稻生长期间大多数时间是水层灌溉,田面高低差要求小于2厘米,保证寸(3厘米)水棵棵到。土壤剖面层次分明,具有肥厚绵软的耕作层,厚度为15~20厘米;犁底层紧密适度,既具有较强的保水、保肥能力,又有一定的渗水性及供肥能力,一般厚度在10厘米左右;潜育层要在表土80厘米以下。土体中的水、肥、气、热协调。

(2)土壤酸碱适宜、养分种类齐全、含量充足、比例协调 高产水稻的土壤pH为6.0~7.0,有机质含量在2.5%~4.0%之间,全氮含量为0.15%~0.25%,全磷量在0.11%以上,速效钾大于100毫克/千克,有较高的阳离子代换量(一般有20毫摩尔/千克土)和较高的盐基饱和度(60%~80%),且不缺微量元素,各种元素之间比例协调。

(3)保水保肥力适当 高产稻田要求有较好的保水性,避免有效养分随水流失。稻田的日渗漏量以7~20毫米较为合适,一次灌水能保持5~7天。土壤的阳离子代换性能是保肥的重要保障,高产水稻土的阳离子代换量绝大部分为10~20毫摩尔/千克土。一般低于10毫摩尔/千克土或高于20毫摩尔/千克土时均不利于稻作高产。

(4)有益的微生物活动旺盛 土壤中有益的微生物活动旺盛,生化强度高,保热和保温性能良好,升温降温比较缓和。

3.各类稻田的耕整原则

各类稻田耕整的总体要求是:田面平整,土壤松软,土肥相融,无根茬、杂草,无大土块,有利于秧苗栽插后早生快发。

(1)绿肥田整地 绿肥田的翻耕时期,既要考虑绿肥产量和肥效,又要考虑插秧季节。一般耕翻绿肥应于绿肥盛花期进行,不宜过早或过迟，同时要保证泡田沤熟10～15天，等绿肥充分腐烂后，再犁耙平整插秧。

(2)冬闲田整地 冬闲田有冬干田和冬水田两种。冬干田要在前作收获后及时翻耕晒垡、冻融，开春时结合施基肥，再耕一次，晒数日后灌水泡田，随泡随耕，使土肥相融，耙平插秧。冬水田在前季水稻收获后及时翻耕，翻埋残茬，泡水沤田过冬，插秧前浅耕细耙，耙平插秧。"烂泥田"由于土壤土粒悬浮、团聚性差，且因土层深厚，犁耙次数应少，以免插秧后造成浮秧，或进行半旱式栽培，防止僵苗。土田宜少耙或不耙，以免因耙后泥沙分离，使土壤沉实，影响插秧及秧苗根系生长。

(3)夏熟作物田整地 夏熟作物主要有小麦、油菜、大麦、豌豆、蚕豆等。夏熟作物茬口栽插水稻，由于收、插季节紧，要按夏熟作物成熟的先后，抢收、抢耕、抢插。尤其是双季稻地区的三熟田，收后栽插早稻，时间更紧，一般只进行一犁一耙一耖，但对土壤黏重的水田，在不影响及时栽插的情况下应争取二犁二耙和短期晒垡，使土壤松软细碎，以利于秧苗栽后早发。

(4)连作双季早稻田整地 连作双季晚稻季节紧，为抢时栽插，在双季早稻收获后，可浅耕压埋稻茬或旋耕后插秧，也可实行免耕。

二、水稻栽插

壮秧的一般要求是根白而旺、扁蒲粗壮、叶挺苗绿、整齐均匀、秧龄适宜、干物重高、抗逆能力强。健壮秧苗栽插后返青快、分蘖早、生长旺盛，栽插适龄壮秧可为高产打下基础。而秧苗素质差的徒长秧苗，插秧后叶片垂在水面上，极易受到潜叶蝇的危害，叶片很快烂掉，缓苗慢、返青迟，如遇不良环境条件，则死叶率、死苗率高，最终影响产量。

1.栽插密度及规格确定

插秧的密度(每亩的基本苗数)应根据品种类型、土壤肥力、秧苗品质、气候条件、施肥水平等综合因素来确定。单位面积基本苗数以目标产量需要的有效穗数来推算,一般情况下杂交稻分蘖能力强,单本栽插的基本苗为4万~6万穴/亩(1万~1.5万种子苗),若带蘖较少也可双本栽插,双本栽插的基本苗为6万~8万穴/亩(1.5万~3万种子苗),常规稻一般为1.5万~2万穴/亩(10万~12万基本苗)。土壤肥沃、施肥水平高、供肥能力强、秧苗品质好、气候条件适宜的可适当稀插,基本苗数不宜过多;而土壤较瘠薄、供肥能力差、施肥水平低、气候条件差的则可适当增加密度。除了基本苗数要适宜外,还要做好行株距的搭配。栽插规格有等行距、宽行窄株、宽窄行等。宽行窄株或宽窄行栽插有利于通风透光、促进光合作用、降低病害发生、方便管理、增加产量。

2.栽插方法及栽插质量要求

水稻插秧的方法主要有手工栽插、机械栽插及抛秧等。

(1)手工栽插质量要求　手工栽插要求做到适、浅、直、匀、稳。

①适。保证做到适时栽插,不宜过早或过迟。

②浅。栽插不宜过深,过深不利于分蘖的发生,一般栽深以3~4厘米为宜。

③直。苗直、行直,有利于成活及成活后通风透光。

④匀。行、穴距准确、均匀一致,除宽窄行栽插外,无大小行之分;穴苗数均匀一致,深浅一致。

⑤稳。秧要栽稳,防止漂秧发生。

(2)机械栽插质量要求　机械插秧要求做到早、密、浅、直、全、匀、扶、补。

①早。机械插秧秧苗较小,适时抢早,有利于增穗、增粒。

②密。合理密植，保证田间基本苗数，为保证一定的有效穗数奠定基础。

③浅。插秧深度在2厘米以内，如果插秧深度小于1厘米，容易穗多而穗子较小，同时抗倒伏能力较差；插深大于2厘米时，穗少而不利于获得高产。

④直。插秧行要直，行、穴距要整齐一致，秧苗不东倒西歪。

⑤全。全田块插到头、插到边，确保基本苗数合理及耕地利用率高。

⑥匀。栽插深浅一致，行、穴距均匀，不插高低秧、断头秧，每穴苗数均匀。

⑦扶。插后及时上护苗水扶苗，促进秧苗早返青、早分蘖。

⑧补。机械插秧容易断行、缺苗，机插后要同步人工补苗，确保整个田块的秧苗生育进程一致。

(3)水稻抛栽质量要求 抛秧栽培首先要整好大田。大田整地质量要求达到“浅、平、糊、净”的标准，有利于扎根立苗。

①浅。水层浅(似有水似无水状态最好)有利于立苗，水深则容易漂秧。

②平。田面平整，经过耕翻，旱整水耙后，整个田块做到高低差小于1厘米。

③糊。土壤表面呈泥浆状，软硬适中。

④净。田面要干净，无残存、秸秆和杂草，以有利于提高抛栽质量及秧苗成活率。田面存有杂物，秧苗落在上面会影响秧根与田土结合而漂秧。

抛栽质量要求做到直立苗占15%～20%，倾斜苗占70%～75%，平躺苗少于10%。抛秧前要捞出田间杂物，严格控制水层，避开大风大雨抛栽，抛秧的适宜高度为3米左右。一般分2～3次抛完，即第一次抛60%～70%，余下的秧苗补缺补稀，力求抛秧均匀。

三、插后管理技术

1.灌护苗水

在水稻插秧后至返青期间灌护苗水，可以保护苗不被风吹倒，特别是炎热的夏天，可防止出现稻苗萎蔫，促进返青，缩短返青期。但是，护苗水不宜过深，一般以2～3厘米为宜。

2.灭草

插秧后3～5天，当秧苗返青后灌3厘米左右的水层，采用药剂灭草，即每亩水稻田用60%丁草胺125克，拌12.5千克过筛的细潮土撒施。施药时一定要堵住灌排水口，施药后5～7天不排不灌，缺水就补水。若插秧早、施药早或草大的稻田，每亩用药量可增加到150克。若插秧后没用除草剂的封闭稻田，且稗草长到1.5～2叶期时，每亩用96%禾大壮200克，采用毒土法撒施，水层管理与上述相同，施药时应保持5～6厘米水层，防止药害的发生，且也要防止串水灌溉降低药效的情况发生。

3.补苗

不论是手工栽插、机械栽插，还是抛栽，都很难做到不漂秧、不缺苗。所以插秧后必须检查缺苗情况，及时补插秧苗。

第四章
水稻大田管理技术

一、大田水分管理技术

1. 水稻对水分的需要

(1)水稻的生理需水 用于水稻保持体内水分平衡以及正常生理代谢活动所需要的水分称为生理需水。稻株吸收的水分绝大部分因蒸腾作用散失掉。蒸腾作用通常用蒸腾系数表示,蒸腾系数的高低常因土壤水分、气候环境、品种类型、生育阶段等不同而异。杂交水稻的需水强度及需水量明显高于常规水稻。水稻随着生育进程的推进,叶面积不断增加,蒸腾量也随之增加;叶面积最大的孕穗期到抽穗期是蒸腾强度高峰期,以后随叶面积的下降,蒸腾量减少。蒸腾量的变化还与栽培地区、栽培季节有关。一般单季中、晚稻在孕穗期后达到或接近最大值。每日为5～6毫米(田间耗水深度),到乳熟期后明显下降。双季早稻前期气温低,蒸腾高峰到来迟,接近开花期达最大值。双季晚稻移栽后,前期气温高,蒸腾高峰到来早,孕穗期达最大值,其后随温度降低而明显下降。

光合作用与土壤含水量有密切关系。当土壤水分不足,影响无机养料的吸收和合成物的运转,光合作用就降低。据研究报道,晒田

初期土壤表层水分最大持水量保持在80%时，光合作用未见减弱，当土壤水分下降到80%以下时，光合强度便较对照降低26%，复水后13天左右才逐渐恢复，并超过对照。可见稻田保持适当水层对提高光合强度是有利的。

(2)水稻的生态需水 生态需水是指用于调节温度、空气、湿度、养料、抑制杂草等的用水，也就是在水稻生长发育期间用于创造适宜的田间环境所需要的水分。

水的调温作用主要是由水的比热、汽化热和热传导率决定的。在土壤的气、土、水三相中，以水的比热最大，汽化热也高。所以水层对稻田的温度和湿度调节作用较大。

在水层灌溉条件下，使土壤呈还原状态，有机质分解缓慢，有利于有机物的积累。稻田灌水期间土壤氨化细菌增高，铵化作用旺盛，增加氮的供给。保持水层还能在土壤中保持其铵态氮不易流失，利于根系吸收。水层还使磷、钾、硅等矿质元素的有效性提高。通过对稻田水分的合理排灌，能促进和控制水稻的生长发育及抑制杂草的发生。

2.稻田需水量和灌溉定额

(1)稻田需水量 稻田需水量又称稻田耗水量，通常单位有毫米或吨/亩。稻田需水量是由叶面蒸腾量、株间蒸发量及稻田渗漏量3个主要部分组成。叶面蒸腾与株间蒸发量合称为腾发量。水稻在本田生长期间，群体叶面蒸腾量在各生育期是不相同的，一生呈单峰曲线。稻田株间蒸发量受植株荫蔽的程度影响很大，移栽初期，植株幼小，蒸发大于蒸腾；在水稻分蘖盛期以后蒸发小于蒸腾，并有随着荫蔽程度的增加而减小的趋势。腾发量的需水高峰在抽穗开花期前后。腾发量在很大程度上受气候因素影响，水稻各生育期的腾发量与同期大气温度呈正相关，其次也受品种、施氮水平等影响。

渗漏量因稻田的整田技术、灌水方法、地下水位高低，尤其是土壤质地差异而有很大不同。在一定条件下，土质含沙越高，渗漏量越大；土壤越黏重，渗漏量越小。

一季稻的稻田需水量一般为380～2280毫米，双季稻为680～1270毫米，大多数地区稻田日平均需水量为5～15毫米。

(2)灌溉定额 在水稻需水量中，一部分是由降水供给的，其余部分由人工灌溉补给。每亩稻田需要人工补给的水量，称为灌溉定额。

灌溉定额＝整田(泡田)用水量＋大田生育期间耗水量－有效降水量

整田用水量与自然条件、地形地貌、土壤种类和整田前土壤含水量以及耕作情况有关。稻田灌溉定额一季稻一般为300～420毫米(200～300吨/亩)；双季稻为600～860毫米(400～550吨/亩)。

3.稻田灌溉技术

(1)高产稻田水分管理技术 在水稻生育期采取合理的灌溉方法，是夺取水稻高产的一项不可缺少的重要技术措施。

从水稻高产对水分的要求出发，水稻整个生育期水分管理的原则是：浅水移栽，深水返青，薄水分蘖，够苗晒田，足水孕穗，有水抽穗，湿润灌浆，适时断水。

①浅水移栽。移栽期水层应控制在1厘米左右，水分多则容易发生漂秧。

②深水返青。水稻移栽后，根系受到大量损伤，吸收水分的能力大大降低，这时如果田中缺水，就会造成稻根吸收水分的量大大减少，叶片失水多于吸水，导致秧苗体内水分失去平衡，轻则造成返青期延长，重则导致卷叶死苗。因此，水稻秧苗移栽后必须保持一定水层，以防止严重失水，有利于提早返青，减少死苗。但是，深水返青并不是灌水越深越好，水深一定要适度，一般以3～4厘米为宜。

③薄水分蘖。水稻分蘖期如果灌水过深，就会使土壤闭气缺氧，

土壤温度低，养分分解缓慢，根系活力低，稻株基部光照弱，对分蘖发生及生长不利。但分蘖期也不能缺水。一般以保持1～1.5厘米浅水层或湿润为宜，最好做到“后水不见前水”，以利调节好土壤中的水、肥、气、热。

④够苗晒田。晒田可以改善土壤环境，增强根系活力，控制无效分蘖发生、促进分蘖成穗，提高分蘖成穗率，使稻苗达到稳健生长。在水稻分蘖末期要进行排水晒田，有利于达到穗多、穗大、籽粒饱满、千粒重高的目的。

⑤足水孕穗。水稻稻穗形成期间是水稻一生中需水最多的时期，特别是减数分裂期，对水分的反应更加敏感。这时如果缺水，就会造成颖花大量退化，导致穗短、粒少、空壳多等。所以，水稻孕穗到抽穗期间，一定要保持田间有3厘米左右水层。

⑥有水抽穗。抽穗开花期应适当保持水层，以调节土温，提高稻株间空气湿度，促使提早齐穗，此时缺水会导致抽穗慢、抽穗不齐，甚至穗抽不出来的现象发生。

⑦湿润灌浆。灌浆乳熟期是籽粒充实的重要时期，若遇干旱缺水，会引起叶片早衰，光合作用效率下降，影响籽粒灌浆。如果保持深水层，土壤中氧气缺少，影响后期根系活力，也会引起叶片早衰，致使灌浆不良，延迟成熟，而且容易倒伏。一般以保持土壤湿润为宜，适宜采用“跑马水”的办法，做到灌水不积水，断水不缺水，干湿交替。

⑧适时断水。为了增强田间透气，减少病害发生，提高根系活力，防止根、叶早衰，促进茎秆健壮，后期断水不宜太早，一般要等到籽粒成熟才及时断水，以利于收割。

(2)稻田晒田技术　晒田又称烤田或搁田。晒田是协调水稻与环境、群体与个体、生长与发育诸矛盾的一项有效措施。

①晒田的作用。

·改善土壤环境：晒田后，大量空气进入耕作层，土壤氧化还原电位升高，二氧化碳含量减少，土壤中甲烷、硫化氢和亚铁等还原物质得到氧化，加速有机物质的分解矿化，土壤中有效养分含量提高。但铵态氮极易被氧化和挥发，磷则由易溶性向难溶性方向转化，导致晒田过程中耕层土壤内有效性氮、磷含量暂时降低，但复水后土壤中的养分则迅速提高。这种先抑后促的作用，对于控制水稻群体过分发展，促进生长中心由营养生长向生殖生长的转移、培育大穗是十分有利的。

·抑制地上生长，促进根系生长：晒田对水稻地上部分营养器官生长有暂时的抑制作用，随着晒田的进展，单蘖干重的增长速度明显较对照降低。晒田同时促进了稻株的物质运输中心和生产中心的转移。晒田期间，由于土壤养分状况的改变，促进根系下扎，白根增多，根系的活动范围扩大，根系活力增强。复水后根系的吸收能力提高，植株生长速度又日趋加强。

·控制分蘖的发生，促进分蘖两极分化：晒田后新生分蘖减少，主茎和大分蘖的养分得到加强，碳水化合物在茎和叶鞘内积累量提高，淀粉和半纤维素的含量增加，促进大分蘖成为有效分蘖，部分小分蘖死亡成为无效分蘖。

·提高抗倒能力：晒田后植株叶色变淡、株型挺直，茎的1、2节间变短，秆壁机械组织厚度增加，改善了群体结构和光照条件，增强了稻株的抗倒能力。

②晒田技术。晒田技术的重点是要随气候、土壤、施肥水平、秧苗生长情况，掌握好晒田的时期及晒田的程度。

·晒田时期：一般以分蘖末期至幼穗分化初期晒田较适宜。具体时期主要根据群体茎蘖数决定，即“够苗晒田”，当全田总茎蘖数达到计划穗数(即有效总茎蘖数)时，进行晒田；或根据有效分蘖临界叶龄期晒田，如15叶的品种，有效分蘖临界叶龄期一般为10叶，考虑到晒田效应的滞后性，实际晒田时间应提早在9叶开始。决定晒田时期总的原则是：肥田早晒，瘦田迟晒；旺苗早晒，弱苗迟晒；苗够不等季节，季节到了不等苗。

·晒田程度:晒田程度要根据苗情和土壤而定。苗数足、叶色浓、长势旺、肥力高的田应重晒,其标准为晒至田边开大裂口,人立不陷脚,中间开"鸡爪裂",叶片明显落黄;反之,应轻晒或露田(晾田),轻晒标准为田边开"鸡爪裂",田中稍紧皮,人立有脚印,叶片略退淡;晾田则只排干水,人进田陷足,土壤湿润。晒田不宜过头或不足。

二、肥料管理技术

1.水稻吸收养分的基本规律

(1)水稻需肥种类及需肥量

①需肥种类。水稻正常生长发育所必需的营养元素有碳、氢、氧、氮、磷、钾、钙、镁、硫、铁、锌、锰、铜、钼、硼及硅。碳、氢、氧在植物体组成中占绝大多数,是水稻淀粉、脂肪、有机酸、纤维素的主要成分。它们来自空气中的二氧化碳和水,一般不需要另外补充。氮、磷、钾三元素是水稻施用量的较大的元素,单纯依靠土壤供给,不能满足水稻生长发育的需要,必须另外施用,所以又叫肥料三要素。水稻对其他元素需要量有多有少,一般土壤中的含量基本能满足,但随着水稻产量水平的提高,氮、磷、钾施用量不断增加,水稻微量元素缺乏症也日益增多。

②需肥量。每生产500千克稻谷吸收的氮为10～13千克、五氧化二磷为5～7.5千克、氧化钾为15～17千克,大致比例为2∶1∶3。由于其中不包括根的吸收和水稻收获前地上部分中的一些养分及落叶等已损失的部分,所以实际水稻吸肥总量应高于此值。吸肥总量随着品种、气候、土壤和施肥技术等条件的不同而变化,特别是不同生育时期对氮、磷、钾吸收量的差异十分显著,通常是从秧苗萌发到成熟期的过程中,吸收氮、磷、钾的数量呈单峰曲线。

(2)水稻各生育阶段需肥规律

①氮素的吸收规律。水稻对氮素营养十分敏感,是决定水稻产

量最重要的因素之一。水稻对氮素的吸收有两个明显的高峰期:一是水稻分蘖期,即插秧后2周,分蘖期缺氮会造成分蘖发生速度减慢,分蘖数减少,最终会影响到有效穗数及产量;二是孕穗期,此时如果氮素供应不足,常会引起颖花退化,影响穗粒数,而不利于高产。

②磷素的吸收规律。水稻对磷的吸收量远比氮肥低,平均约为氮量的一半。水稻各生育期均需磷素,以幼苗期和分蘖期吸收最多,插秧后3周前后为吸收高峰。此时在水稻体内的积累量约占全生育期总磷量的50%以上,分蘖盛期含量最高,每克干物质中五氧化二磷重约2.4毫克,此时如磷素营养不足,对水稻分蘖发生及地上、地下部干物质的积累均有显著影响。水稻苗期吸入的磷,在生育过程中可反复多次从衰老器官向新生器官转移,至稻谷黄熟时,有60%～80%磷素转移到籽粒中,而出穗后吸收的磷多数残留于根部。

③钾素的吸收规律。水稻对钾吸收量高于氮,但在水稻抽穗开花前,其对钾的吸收已基本结束。幼苗对钾素的吸收量不高,植株体内钾素含量在0.5%～1.5%之间就不影响正常分蘖。钾的吸收高峰是在分蘖盛期到拔节期,此时茎、叶钾的含量保持在2%以上。孕穗期,茎、叶含钾量如不足1.2%,则颖花数会显著减少。出穗期至收获期,茎、叶中的钾并不像氮、磷那样向籽粒转移,其含量维持在1.2%～2%之间。

(3)施肥量计算 施肥量的多少要根据品种、产量指标、土壤肥力、肥料类型等综合确定。一般可采用以下公式进行计算:

化肥施用量=(计划产量的养分吸收量－土壤供肥量－有机肥供肥量)/肥料养分含量(%)×肥料当季利用率(%)

计划产量的养分吸收量=每亩计划产量(千克)×生产1千克稻谷需要的吸收营养元素量

土壤供肥量=无肥区产量的养分吸收量

有机肥供肥量=每亩有机肥施用量(千克)×营养元素含量(%)×利用率(%)

2.营养元素对水稻的生理作用

(1)大量元素对水稻的生理作用

①氮。氮是构成蛋白质的主要成分，占蛋白质含量的16%～18%。水稻体内的核酸、磷脂、叶绿素及植物激素、维生素 B_1、维生素 B_2、维生素 B_6 等重要物质也都含有氮，所以氮素对维持和调节水稻生理功能具有多方面的作用。

氮素供应适宜时根部生长快，根数增多，氮素供应过量反而抑制稻根生长。氮素能明显促进茎叶生长和分蘖原基的发育，所以植株体内氮素含量越高，叶面积增长越快，分蘖数越多。氮素还与颖花分化及退化有密切关系，一般适量施用氮素能提高光合作用和形成较多的同化产物，促进颖花的分化并使颖壳体积加大，从而可增加颖果的内容量，便于提高谷重。

氮素缺乏通常表现为叶色失绿、变黄。一般先从下部叶片开始。缺氮会阻碍叶绿素和蛋白质合成，从而减弱光合作用和影响干物质生产。严重缺氮时细胞分化停止，表现为叶片短小，植株瘦弱，分蘖能力下降，根系机能减弱。氮素过多时叶色浓绿，茎叶徒长，无效分蘖增加，容易生长过度繁茂，致使透光不良，结实率下降，成熟延迟，加重后期倒伏和病虫害的发生。

②磷。磷是细胞质和细胞核的重要成分之一，而且直接或间接参与糖、蛋白质和脂肪的代谢，一些高能磷酸又是能量储存的主要场所。磷素供应充足，水稻根系生长良好，分蘖增加，代谢作用旺盛，抗逆性增强，并有促进早熟和提高产量的作用。磷参与能量的代谢，存在于生理活性高的部位，因此磷在细胞分裂和分生组织的发育上是不可缺少的，幼苗期和分蘖期更为重要。水稻缺磷植株往往呈暗绿色，叶片窄而直立，下部叶片枯死，分蘖减少，根系发育不良，生育停滞，常导致稻缩苗、红苗等现象发生，生育期推迟，严重影响产量。

③钾。钾在植物体内几乎完全以离子状态存在，部分在原生质

中处于吸附状态。钾与氮、磷不同,它不是原生质、脂肪、纤维素等的组成成分。但在一些重要的生理代谢上,如碳水化合物的分解和转移等,钾具有激酶的作用,能促进这些过程的顺利进行。钾还有助于氮素代谢和蛋白质的合成,所以施氮越多,对钾的需要量也就相应越多。钾对植物体内多种重要的酶有活化剂的作用。适量钾能提高光合作用和增加稻体碳水化合物含量,并能使细胞壁变厚,从而增强植株抗病及抗倒伏能力。

缺钾时根系发育停滞,容易产生根腐病,叶色浓绿程度与施氮过多时相似,但叶片比较短。严重缺钾时,首先在叶片尖端产生黄褐色斑点,逐渐扩展至全叶,茎部变软,株高伸长受到抑制。钾在植物体内移动性大,能从老叶向新叶转移,缺钾症先从下部叶片出现。

④硫。水稻体内含硫量为0.2%～1.0%,水稻吸收利用的主要是硫酸盐,也可以吸收亚硫酸盐和部分含硫的氨基酸。水稻体内硫素和氮素代谢的关系非常密切。稻株缺硫可破坏蛋白质正常代谢,阻碍蛋白质的合成。

缺硫时植株矮小、叶小,初期色变淡,严重缺乏时叶片上出现褐色斑点,茎叶变黄甚至枯死,分蘖少。根系缺硫反映尤其敏感,当地上部还未明显呈现褐色斑点时,根系生长已表现不正常。土壤中含硫过多时,在缺氧条件下转化成为硫化氢,会毒害稻根。

⑤钙。水稻茎叶中含钙量为0.3%～0.7%,穗中含量在成熟期下降至0.1%以下。钙是构成植物细胞壁的元素之一,约60%的钙集中于细胞壁。缺钙时稻株略矮,下部叶尖端变白,后转为黑褐色,叶子不能展开,生长点死亡,根短,根尖为褐色。

⑥镁。水稻茎叶中含镁为0.5%～1.2%,穗部含量低。镁是叶绿素成分之一,缺镁时叶绿素不能形成,镁是多种酶的活化剂。缺镁时叶片柔软呈波纹状,叶脉黄绿色,从叶尖先枯死,症状从老叶开始。孕穗期前保证充足的镁素营养特别重要。

⑦硅。水稻是吸硅量最多的作物之一。根部所吸收的硅随蒸腾

上移，水分从叶面蒸腾及蒸发，而大部分硅酸却积累于表皮细胞的角质内，形成角质硅酸层，因硅酸不易透水，所以可降低蒸腾强度。充分吸收硅的水稻叶片伸出角度小，叶成直立型，叶片受光姿态好，可增强光合作用能力。硅酸的存在还能增强根部氧化力，能使可溶性的二价铁或锰在根表面氧化沉积，不至于因过量吸收而中毒。同时，硅酸能促进对其他养分的吸收。施用硅酸，水稻同化作用旺盛，干物质积累量大，从而可以稀释植物体内氮的浓度，表现为增强耐氮性。缺硅水稻体内的可溶性氮和糖类增加，容易诱致菌类寄生而减弱抗病能力。

(2)微量元素对水稻的生理作用

①铁。水稻体内含铁较低，叶片中含量为200～400毫克/千克，老叶比嫩叶含量高，其中相当部分集中于叶绿体内。铁参与植物体内的呼吸作用，影响与能量有关的生理活动。缺铁叶绿素不能形成，出现失绿症。缺铁现象先从幼叶开始，而老叶仍属正常。在一般情况下土壤中不缺铁。

②锰。锰是水稻体内含量较多的一种微量元素，嫩叶中含500毫克/千克，老叶中可达16000毫克/千克。锰能促进水稻种子发芽和生长，并能增强淀粉酶的活力。叶绿素中虽不含有锰，但锰能影响叶绿素的形成。缺锰时，叶绿素合成受阻，光合强度显著受到抑制。正常生育的稻株体内铁和锰之间能保持一定平衡，缺锰则亚铁含量增高，引起亚铁中毒，产生失绿现象。当体内含锰量高而亚铁浓度低时，也会由于缺铁产生失绿现象。缺锰植株矮，分蘖少，叶窄而短，严重退绿，先呈黄绿色，后出现深棕色斑点，继之坏死，嫩叶最重。

③锌。锌在生长素合成上是不可缺少的，并能催化叶绿素的合成。水稻叶干重的含锌量低限为15毫克/千克。缺锌时叶呈淡绿色，嫩叶基部变黄，叶尖较轻，严重时叶中脉变白，植株矮小，分蘖少，出叶周期延长，叶尖内卷，老叶下垂，最后枯死。在缺锌土壤上施锌，对水稻有明显增产效果，可以促进生长和提高有效分蘖数，并能提高

叶绿素含量，防止早衰。

④钼。钼能促进蛋白质的形成，参加稻体内各种氧化还原过程，可消除酸性土壤中铝离子、锰离子的毒害作用，促进水稻土中自生固氮菌的活力。一般认为水稻植株含钼量最高界限为 2 毫克/千克。缺钼叶变黄绿色，部分叶片发生扭曲，老叶尖端褪绿，逐渐干枯，分蘖少，秕粒多，产量下降。

⑤铜。铜是一些氧化酶的成分，所以它能影响植物体内的氧化还原过程。稻株对铜的需要量极微。缺铜时嫩叶初成青绿色，以后叶尖褪绿，变成黄白色，继之形成棕色枯斑，新叶不能展开，生育推迟。

⑥硼。水稻对硼的需要量极少，硼对氮的代谢和养分吸收有促进作用。例如，以 0.01％硼溶液处理弱光下生长的稻株，测出硼有促进养分向穗部运送的作用，能减少空秕率，提高千粒重。缺硼时生长点细胞分化受阻，花粉发育不正常，影响受精能力，秕粒多，稻株矮小，叶呈深绿色，叶中部或尖端处有黄白色斑点，严重时生长点死亡。

3.高产水稻施肥的基本原则及注意事项

(1)高产水稻施肥的基本原则　基肥为主，追肥配合；化肥为主，有机肥配合；大量元素肥料为主，微量元素肥料配合。有机肥与无机肥配合施用对培肥改良土壤的效果十分显著，能提高土壤有机质储量，改善土壤有机质组成，增加土壤中氮、磷、钾和微量元素的含量，改善土壤的保肥性、供肥性及土壤的理化性质。水稻高产栽培条件下极易贪青、倒伏、发生稻瘟病等，使空秕率增加而减产。因此，在施肥上要坚持氮、磷、钾配合施用。

(2)施肥注意事项

①施足基肥。有机肥料分解慢，利用率低，肥效期长，养分全面，所以作基肥施用较好。但由于稻区早春气温较低，土壤中的养分释放缓慢，为了促进高产田秧苗早生快发，可以将速效氮肥总量的 30％～

50%作为基肥施用。磷肥和钾肥均可作为基肥施用，钾肥也可以留一部分在拔节期施用。

②早施蘖肥。水稻返青后及早施用分蘖肥，可促进低位分蘖的发生，增穗效果明显，特别是麦茬稻早施分蘖肥尤为重要。分蘖肥分两次施用，第一次在返青后，占氮肥用量的25%左右，目的在于促蘖；第二次在分蘖盛期作为调整肥，用量占氮肥用量的10%左右，目的在于保证全田生长整齐，并起到促蘖成穗的作用。后一次的调整肥施用与否主要由群体长势来决定。

③巧施穗肥。穗肥不仅在数量方面对水稻生长发育及产量形成影响较大，而且施用时期也很关键。穗肥在叶龄指数91%左右（倒二叶60%伸出）时施，可以促进剑叶生长。当高产群体较繁时，穗肥在叶龄96%（减数分裂时期）时施，起到保花作用。但是，施用穗肥增加了倒伏的危险，所以，生产上穗肥施用要宁少勿多，特别是目前生产上推广的大穗型水稻品种，穗肥的施用尤其要注意用量。

④酌情施粒肥。水稻施用粒肥可以提高籽粒成熟度，增加千粒重，但是要控制好粒肥施用量、施用时期及施肥方式。

三、病虫草害管理技术

（一）水稻主要病害与防治方法

1.稻瘟病

水稻从发芽到收获都可能发生稻瘟病危害，稻瘟病是水稻发生最普遍、为害最重的病害之一。根据侵入时期和部位的不同，稻瘟病分为苗瘟、叶瘟、穗颈瘟和粒瘟等。穗颈瘟和粒瘟常造成产量损失严重。

（1）症状识别

①秧苗。秧苗发病后变成黄褐色而枯死，不形成明显病斑，潮湿

时可长出青灰色霉层。

②叶片斑点。叶片斑点主要有三种：急性菱形病斑、白点病斑和褐点病斑。急性菱形病斑，呈暗绿色，多数近圆形或椭圆形，斑上密生青灰色霉圈，内部为褐色，中心灰白色，有褐色坏死线穿病斑并向两头延伸；白点病斑，为白色圆形病斑；褐点病斑，为褐色小点，多局限于叶脉间。

③穗颈病斑。常在穗下第一节穗颈上发生淡褐色或墨绿色的病变，产生绿色霉层，穗颈发病早，多造成白穗，局部枝梗发病则引起部分稻粒秕粒。穗颈瘟发生之前常可引起茎节发病。另外稻粒、谷壳和护颖也可发病。

(2)发生特点 病菌以分生孢子或菌丝体在病谷和病稻草上越冬，种子上的病菌在温室或薄膜育秧的条件下容易诱发苗瘟，露天堆放的病稻草为第二年发病的主要侵染源之一。分生孢子借助风雨传播使稻株感病，长出病斑后继续产生分生孢子进行再侵染。条件适宜时，病菌从侵入到致病斑产生只需 4 天时间。

(3)防治方法

①因地制宜选用抗病良种。选用抗病良种是防治稻瘟病的经济有效的方法，同时应做好品种合理布局，避免品种单一化种植。

②种子消毒。用强氯精 300～400 倍液浸种 12 小时，洗净药液后催芽，可兼治白叶枯病、恶苗病和胡麻斑病等；50％多菌灵 100 克加水 50 千克，浸种 30 千克，浸 36～48 小时，洗净药液后催芽，可兼治恶苗病；用 25％咪鲜胺 2 毫升加水 5～10 千克，浸种 4～5 千克，浸种 36 小时。

③加强肥水管理。施肥原则为底肥足，追肥早，巧补穗肥，多施农家肥，节氮增磷钾肥，防止偏施、迟施氮肥。灌水以湿润灌溉为好，并适时进行晒田，以增强稻株抗病力，减轻发病。

④药剂防治。秧田在发病初期用药，本田分蘖期如发现发病中心或叶上急性型病斑，应立即施药防治。药剂种类和剂量：每亩用

75%三环唑可湿性粉剂100克，或40%稻瘟灵乳油60～70毫升，加水50～60千克常规喷雾或加12.5千克水进行低容量喷雾。重病田需喷药2次，间隔期为7～10天。

2.水稻纹枯病

水稻纹枯病在安徽省区普遍发生。

(1)症状识别　一般在分蘖期开始发病，最初在近水面的叶鞘上出现水渍状椭圆形斑，以后病斑逐渐增多，常互相愈合成为不规则形状的云纹状斑，其边缘为褐色，中部灰绿色或淡褐色。叶片上的症状和叶鞘上基本相同。病害由下向上扩展，严重时可上到剑叶，甚至造成穗部发病，大片倒伏。湿度大时，病部长出白色网状菌丝。

(2)发生特点　纹枯病主要以菌核在土壤里越冬。第二年飘浮水面的菌核萌发抽出菌丝、侵入叶鞘形成病斑，从病斑上再长出菌丝向周围蔓延形成新病斑，当菌核落入水中又可借水流再传播。氮肥施用过多、前期生长过旺、提早封垄会发病加重。

(3)防治方法

①改进栽培管理技术。合理密植，降低田间湿度。肥水管理与防治稻瘟病相似。

②消灭和减少菌源。秋季和冬季深翻稻田，将带有菌核的病残土翻入土壤深处。第一次泡田时，在下风头田边打捞菌核，并将捞得的菌核深埋或烧掉。

③选用耐病品种。水稻对纹枯病抗性高的种质资源较少，选择蜡质层厚、硅化细胞多的耐病品种，淘汰高度感病的品种。

④药剂防治。每亩用井冈霉素20%水剂150毫升或10%粉剂50克或其他药剂，加足水量均匀喷雾。重病田打药2次，间隔期为7～10天。穗期还可用25%粉锈宁可湿性粉剂50克进行防治，防效不如井冈霉素，但可兼治稻曲病、粒黑粉等多种穗期病害。

3.水稻恶苗病

(1)症状识别 病苗生长细长，一般高出健苗1/3左右，叶色为淡黄绿色；根部发育不良，分蘖数少，甚至不分蘖。移栽后1个月左右开始出现症状，叶色淡黄绿色，节间显著伸长，节部弯曲，变淡褐色，生出许多倒生根。重病株一般在抽穗前枯死。轻病株虽能抽穗，但粒少穗小，或成白穗。收获前，一般在病株茎下部或叶鞘上散生小黑点，即病菌的子囊壳。

(2)发生特点 病菌主要以分生孢子或菌丝体在种子表面或潜伏于种子内部越冬。播种后病菌随种子萌发而繁殖，引起苗枯，以后在病株或枯死株表面产生的分生孢子，借风雨传播进行再次侵染。在水稻开花时，分生孢子落到花蕊上，萌发侵入，又使种子带病。病菌易从伤口侵入，播种了受机械损伤的稻种或插栽根部受伤重的秧苗，发病就重。旱育秧发病常重于水育秧。

(3)防治方法

①种子处理。采用401浸种剂或50%多菌灵、强氯精浸种，方法同稻瘟病。用多森铵200毫升加水50千克，浸种40千克，每天搅拌2～3次，浸种2～3天，浸种后可直接催芽播种。

②及时拔除病苗。发现病株要及时拔除，并将病苗处理掉。催芽及育苗期间，不要用病稻草及其编织物覆盖种子或秧苗。

③选留无病稻种。杂交稻制种及常规稻留种田要做好病害的防治工作，用无病田的种子做种。播种时，选无伤的种子。

4.稻曲病

(1)症状识别 稻曲病是水稻穗期发生的一种真菌性病害，近年来已发展成主要病害之一，造成严重减产。水稻在抽穗扬花期感病，病菌危害穗上部分谷粒。初见颖谷缝处露长出淡绿色块状小菌核，逐渐膨大，最后包裹全颖壳，形状比健谷大2～3倍，为墨绿色，表面

光滑，最后龟裂，散出墨绿色粉末，即病菌的厚垣孢子。

(2)发生特点 病菌以菌核在土壤中越冬，厚垣孢子在病粒上越冬，次年菌核抽出子座，内产生孢子；厚垣孢子产生分生孢子，子囊孢子与分生孢子借气流传播，侵害花器和幼颖。水稻花期遇多雨、高温天气，易诱发稻曲病。偏施氮肥，生育期延迟，也可加重发病。

(3)防治方法

①选用抗病品种。一般来说，杂交稻发病较常规稻重，粳稻发病较籼稻重。同一类型的不同品种抗病性也不同。在重病区要注意选用抗病品种。

②选用无病田留种。杂交稻制种及常规稻留种田要做好病害的防治工作，不在病田留种。

③种子消毒。谷种经过精选后，可用药剂消毒，消毒处理的方法同稻瘟病。

④改进肥水管理方法。采用均衡配方施肥技术，控氮增磷钾肥，氮肥早施，穗肥慎用；浅水灌溉或湿润灌溉，后期间歇灌溉。

⑤药剂防治。每亩用43%戊唑醇15～20毫升兑水30千克于抽穗前7天喷施；或每亩用30%苯甲·丙环唑10～15毫升兑水30千克于抽穗前7天喷施；或每亩用15%三唑醇可湿性粉50克兑水30千克于抽穗前7天喷施；或每亩用10%井冈霉素100毫升兑水30千克于抽穗前7天喷施，于始穗后7天再重复施药1次。

(二)水稻主要虫害与防治

1.二化螟

(1)二化螟发生情况 二化螟属鳞翅目、螟蛾科，是安徽省水稻上常发的主要害虫之一。二化螟在安徽省一年发生2～3代；不同地区因地理位置和海拔高度差异发生时间不一致，即使是同一地区也因不同年份气候差异，各代发生的高峰时间也有一定变化。如沿江稻区，越冬代成虫发生高峰在4月下旬至5月中旬，一代成虫在6月底至7月下旬，二代成虫在8月上旬至9月上旬。二化螟以幼虫在稻桩、稻草、茭白桩内越冬。越冬幼虫抗寒力强，在越冬期间如遇环境不适宜，亦可爬行转移；未成熟的越冬幼虫，春季还能从稻桩中爬出，蛀入麦类作物、蚕豆和油菜的茎秆中为害。二化螟各代发生量因受气候和水稻耕作制度影响，在全年中不是逐代依次上升的，而只是某个世代为多发代。在水稻生态类型相同的地区，主要是第一代发生严重，如果一个地区插花种植，桥梁田多，则第二、三代为害严重。二化螟第一代发生严重与否，还与越冬虫源的数量关系密切。如果免耕田、小麦田多的地区中越冬虫源多，则第一代发生为害就严重。第二、三代发生为害的严重程度与当地插花种植程度有密切关系。

(2)防治二化螟的主要措施

①更换水稻品种。淘汰或压缩少数特别感虫的品种，以降低发生程度，减少化学防治压力和发生基数。

②消灭越冬虫源。秋冬通过耕翻种植或浅旋耕灭茬，减少稻桩残存量，清理稻草，铲除田边、沟边的茭白、杂草，破坏螟虫越冬场所，以减少虫源，降低螟虫越冬成活率。

③提倡旱育秧。肥床旱育秧与水育秧相比，肥床旱育秧田二化螟的落卵量低，大田受害程度轻。

④淹水灭蛹。二化螟初孵幼虫为害水稻叶鞘，因此在化蛹期将迟熟冬作田、草籽留种田淹深水3.5～6.5厘米，可将大部分蛹淹死；或在第一、二代幼虫老熟期放干田水，让幼虫钻入根际化蛹，化蛹期淹深水3天，可将大部分蛹淹死，杀虫效果在90%以上。

⑤诱杀。用频振式杀虫灯或性诱剂诱杀成虫。频振式杀虫灯诱杀是利用昆虫的趋光性诱杀成虫，一盏灯可诱杀4公顷水稻田，降低落卵量70%左右，每季可减少药剂防治2～3次。

⑥药剂防治。坚持“治秧田，保大田”的防治策略。第一代幼虫以压低基数为目标，秧田集中防治，防效明显。第二代幼虫以控制为

害为目标，保产夺丰收。随时掌握虫情，保证在卵孵高峰期至枯鞘初期施药。用药时要选准药剂，保证防效。药剂防治要根据不同地区、不同代次因地制宜选择药剂，尽量减少用药量及用药次数，做到轮换用药，减缓抗药性，选择低毒和生物农药。防治二代二化螟时，粗喷雾和大水泼浇的施药方式优于细喷雾和弥雾，在枯鞘期用药剂防治效果最好。

中稻田中重点防治第二代幼虫，单季晚稻田重点防治第二、三代幼虫。亩卵量120～300块的稻田，每亩可用氟虫双酰胺·阿维10％悬剂（稻腾）40毫升或氯虫苯甲酰胺（康宽）8克、30％乙酰甲胺磷150克、20％三唑磷150克兑水喷雾。

2.三化螟

(1)三化螟发生情况　三化螟属于鳞翅目螟蛾科，单食性害虫，只为害水稻。三化螟卵块孵出的蚁螟很快钻入稻株内。分蘖期为害形成枯心苗，孕穗至抽穗期为害稻株形成枯孕穗和白穗。若水稻分蘖期或孕穗期与三化螟卵孵化期相遇，则造成的为害程度加大。三化螟在安徽省每年发生3～4代，不同地区、不同年份在发生时间上有一定差异，如沿江稻区越冬代成虫盛发期在5月中旬，一代在6月底至7月上旬，二代在8月上中旬，三代在9月上中旬。幼虫均在稻桩内越冬。

由于20世纪90年代初期大面积晚稻改中稻、中熟改迟熟，使水稻的易感生育期与蚁螟盛期吻合，加上免少耕技术的推广，使三化螟发生有加重的趋势。

(2)防治三化螟的主要措施

①减少虫源。减少越冬虫源方法同二化螟。

②合理布局品种。合理布局，连片种植，在同一地区种植同一熟期品种，使水稻生育期相对一致，缩短螟虫有效盛发时间，切断三化螟由二代向三代的过渡桥梁，降低蚁螟的存活率。

③诱杀。用频振式杀虫灯诱杀成虫。诱杀方法同二化螟。

④药剂防治。注意第一、二代幼虫的防治，重点防治第三代。中稻如破口期与第三代三化螟卵孵盛期吻合，选用氟虫双酰胺·阿维10%悬剂 40 毫升或氯虫苯甲酰胺 8 克、30%乙酰甲胺磷 150 克、20%三唑磷 150 克对水喷雾。在水稻破口期灌苞，防止白穗。单季晚稻田防止枯心、死穗，药剂同前。应掌握在螟卵孵化高峰期用药防治。粗喷雾和大水泼浇的施药方式效果好。

3. 稻飞虱

(1)稻飞虱发生情况 稻飞虱是安徽省稻区的主要害虫之一，种类很多，常见的有褐飞虱、白背飞虱和灰飞虱，皆属于同翅目、飞虱科。

褐飞虱主要为害期在水稻拔节期至乳熟末期，成虫和若虫群集在稻株下部，用刺吸式口器刺进稻株组织，吸食汁液。孕穗期受害，使叶片发黄，生长低矮，甚至不能抽穗；乳熟期受害，稻谷千粒重减轻，瘪谷增加，严重时引起稻株下部变黑，平地面瘫倒，叶片青枯，并加重纹枯病、菌核病发生。褐飞虱还能传播某些病毒病，其长翅型成虫有随气流远距离迁飞的习性；6 月间由珠江流域及闽南等地大量迁出的长翅型成虫，迁飞到南岭南北，波及皖南地区；7 月上中旬从南岭南北稻区迁入长江流域，并波及淮河流域；7 月下旬至 8 月上旬，长江以南双季早稻成熟时，迁到江淮之间和淮北稻区；8 月下旬至 9 月上旬，沿淮淮北与江淮单季中稻成熟时开始随南向气流向南回迁；9 月下旬至 10 月上旬，由江淮之间和长江中下游稻区向更南地区回迁。

褐飞虱在江南稻区常年发生 4～5 代，江淮 3 代，淮北 2 代。褐飞虱食性单一，抗寒力弱，在北纬 25°以北不能越冬；“盛夏不热，晚秋不凉，夏秋多雨”适宜褐飞虱大发生，主要为害时间在每年 8 月中下旬和 9 月中旬至 10 月初。

白背飞虱在安徽省长江以南年发生4～5代，沿淮淮北年发生2～4代，其为害状、生活习性和褐飞虱大体相同。成虫有趋光性、趋绿性和远距离迁飞等特性。夏初多雨、盛夏突然干旱有利于白背飞虱发生危害。

灰飞虱在安徽省稻区年发生5～6代，是三种稻飞虱中发生最早的一种，主要为害早、中稻秧田和本田分蘖期的稻苗。除成虫、若虫刺吸为害外，它对水稻造成的危害主要是传播水稻条纹叶枯病和黑条矮缩病，其传毒所造成的损失远大于直接刺吸为害。因此对灰飞虱的监测和防治工作应予以高度重视。灰飞虱有远距离迁飞迹象，但以当地虫源为主，以高龄若虫在麦田、杂草、土缝中等处越冬。越冬代成虫高峰期在4月中下旬，产卵于三麦田、绿肥田的看麦娘及其他禾本科杂草上，一代若虫仍留在原越冬寄主上生活，部分侵入附近的早稻秧田为害。一代成虫高峰期为5月底至6月初，此时由小麦、玉米、杂草等向秧田及本田大量迁入并繁殖、为害和传毒，是水稻条纹叶枯病的初侵染源。秧田和本田初期是灰飞虱传毒为害的主要时期，也是药剂防治的关键时期，此后从前季稻向后季稻迁飞。在安徽省南部地区，第五代迟孵化的及第六代若虫在晚稻收割前转移到三麦田、绿肥田及杂草地越冬。灰飞虱耐寒怕热，5～6月份气温适宜，种群密度增加快，7月中下旬进入高温干旱的盛夏，田间虫口数量迅速下降，秋后气温降低，种群又有回升，但因寄主不适，故为害轻微。

(2)防治稻飞虱的主要措施

①选用抗虫品种。选用适合当地的抗虫品种种植是防止稻飞虱危害的重要措施。目前水稻有一批用抗原材料进行杂交培育出的抗虫品种。

②搞好虫情调查和预测预报。调查成虫迁飞高峰期，确定防治适期。在一代成虫羽化前，选取麦田、双季稻早稻本田、其他秧田各1～2块，每隔3～5天查1次；当麦田虫口数量减少最多或稻田虫口数量增加最多的一天，就是成虫迁飞高峰期，再加产卵前期和卵历

期，即可预测二代若虫孵化高峰期。

③农业防治。铲除田埂边杂草，消灭虫源孳生地和减少毒源；适当提前耕翻红花草等绿肥，掌握在一代成虫羽化前耕翻，对灭虫防病有一定的效果。

④生物防治。一是保护天敌，稻飞虱在稻田中能被许多天敌捕食或寄生。如各种蜘蛛、青蛙捕食成虫、若虫，黑肩绿盲蝽吸食稻飞虱卵，各种稻虱缨小蜂寄生于稻飞虱卵中，各种螯蜂寄生于稻飞虱若虫中。这些天敌对抑制稻飞虱的发生可以起到一定作用。在使用农药时，要注意选择对天敌杀伤力小的中、低毒农药品种，尤其在水稻前期，尽量不要使用或少使用农药，以减少对天敌的杀伤。二是稻田养鸭，根据稻田虫害"两查两定"的结果，掌握在稻飞虱若虫盛发期以及螟虫、稻纵卷叶螟成虫始发至盛发期，在稻田放鸭防治，对稻田虫害有显著的控制效果。由于鸭子的践踏，稻田中杂草也减少，收到了治虫、除草的双重效应。

⑤栽培措施防治。合理密植，浅水灌溉，适时烤田，不偏施氮肥，防止水稻后期贪青徒长，降低稻田湿度等栽培措施，可降低稻飞虱的繁殖系数。

⑥药剂防治。查虫龄，定防治适期：在主害代田间成虫高峰出现后，中稻区于 8 月上旬、晚稻区于 8 月下旬系统调查有代表性的类型田 1～2 块，每隔 2～3 天抽查 1 次，当查到田间以 2、3 龄若虫为主时，即为防治适期。采用压前控后防治策略，在当地主害代的前一代防治，可掌握在 4、5 龄若虫盛期至成虫羽化始盛期防治。查虫口密度，定防治对象田：当田间 1、2 龄若虫明显增多时，即进行普查，达防治指标时，列为防治对象田。防治指标：穗期常规稻百丛 1000～1500 头，杂交稻百丛 1500～2000 头。晚稻重点防治第四代和第五代（国庆节前后），在若虫激增期，百丛虫量达到 1500 头，亩用 25％噻嗪酮 40 克加 40％毒死蜱，施药时要灌深水，分窄厢，打基部，以确保防治效果。在田间缺水的情况下，每亩用 80％敌敌畏乳油 300 毫升拌细

土 10 千克撒施。

4.稻纵卷叶螟

(1)稻纵卷叶螟发生情况　稻纵卷叶螟属鳞翅目、螟蛾科，是安徽省水稻的一种重要害虫。该虫以幼虫吐丝纵卷叶尖为害，幼虫躲在苞内取食叶片上表皮和绿色组织，形成白色条斑，稻田受害时一片枯白，影响光合作用及物质积累、抽穗、灌浆，使千粒重降低，空批粒增高。近年来，水稻栽培是高肥密植，有利于稻纵卷叶螟生长，迁入蛾量的多少和迁入后的气候条件是影响发生轻重的条件。根据国内相关研究报道，稻纵卷叶螟发生情况在全国可以划分为 5 个发生区，安徽省分属于江岭区的江南亚区和江淮区，江南南部属于江南亚区，沿江及江北属江淮区。江南亚区年发生 5～6 代，多发代为 2 代和 5 代，发生时间分别在 6 月中旬至 7 月上旬和 8 月底至 9 月中旬；江淮区年发生 4～5 代，多发代为 2～3 代或 2、4 代，发生时间分别为 7～8 月和 7 月、9 月。

(2)防治稻纵卷叶螟的主要措施

①农业防治。一是选用抗(耐)虫的良种：在高产、优质的前提下，应选择叶片硬厚、主脉坚实的品种类型，使低龄幼虫卷叶困难，成活率低，达到减轻危害的目的。二是合理运筹肥料：防止前期生长过旺，后期贪青晚熟，促使水稻生长发育健壮、整齐，适期成熟，提高水稻本身的耐虫能力，以缩短危害期。三是科学管水：适当调节晒田时期，降低幼虫孵化期的田间湿度，或在化蛹高峰期灌深水 2～3 天，防治效果好。

②生物防治。一是保护自然天敌：在“两查两定”的基础上，选准药剂防治时间、药剂种类及施药方法。如按常规时间用药，对天敌杀伤大时，应提早或推迟用药；如虫量虽已达到防治指标，但天敌寄生率很高，也可不用药防治。在选择药剂种类和施药方法时，还应尽量注意采用不杀伤或少杀伤天敌的种类和方法以保护自然天敌。二是

释放赤眼蜂:从发现始盛期开始到蛾量自高峰下降后为止,每隔2～3天释放一次,连放3～5次。放蜂量根据稻纵卷叶螟的卵量而定,每丛有卵5粒以上,每次每亩放3万～5万头。三是以菌治虫:施用生物农药杀螟杆菌、青虫菌或苏云金杆菌菌剂(每克菌粉含活孢子100亿以上),每亩150～200克,加0.1%洗衣粉或茶籽饼粉加水50～75千克喷雾,若再加入少量化学农药(约为农药常用量的5%),则可提高防治效果。

③药剂防治。水稻分蘖期和穗期易受稻纵卷叶螟为害,尤其是穗期更严重,因此应该重点防治。中稻田重点防治第二代和第三代,单季晚稻田重点防治第三代和第四代,双晚稻田重点防治第四代。每亩用氟虫双酰胺·阿维10%悬剂40毫升或氯虫苯甲酰胺8克或氟虫睛悬浮剂40～50毫升或90%杀虫单可溶性粉剂70克,兑水喷雾。采取“狠治二代、巧治三代、挑治四代”的综合防治措施,一般年份只须施药一次,即可达到消灾保产的目的。

当百丛卵量超过150粒或分蘖期100丛超过60个新虫苞、孕穗期100丛超过40个新虫苞时,立即进行防治。在卵孵高峰期至2龄幼虫盛期(即大量叶尖被卷时期),使用药剂防治较为恰当。

5.稻蓟马

(1)稻蓟马发生情况 稻蓟马属缨翅目蓟马科。自20世纪70年代后,由于水稻大面积耕作制度的改变,使其稻蓟马为害连年猖獗,形成小虫成大灾的局面。20世纪80年代后随着压缩双季稻面积,稻蓟马为害有下降趋势,但在稻作混种特别是杂交稻制种区,受害仍较严重。稻蓟马在安徽省一年发生10～14代,以成虫在三麦、看麦娘、早熟禾等禾本科植物的心叶里或基部青绿的叶鞘间越冬。翌年3月中下旬,越冬成虫先在幼嫩的禾本科杂草上产卵繁殖,4月下旬或5月份田间秧苗露青后,成虫大量侵入秧田,以后便在各种类型的秧、本田转移为害。当气温高于28℃时,虫口密度即迅速下降,

晚秋水稻收割前便转移至越冬寄主上繁殖，各地因气候条件和水稻耕作制度不同，稻蓟马盛发为害期不一，在5月至7月中上旬是主要为害季节。稻蓟马在水稻秧苗3叶期至分蘖期，以成虫和1、2龄幼虫锉吸叶片表皮吮吸汁液，开始出现苍白色斑痕，后期叶片失水纵卷，受害重时，秧苗成片焦枯；抽穗扬花后为害形成花壳和空秕粒。

(2)稻蓟马防治　目前防治稻蓟马仍以药剂防治为主，防治时应掌握以虫情为依据，苗情为基础，主攻若虫，药打盛孵期的原则，但对虫量较大的田块，则以在成虫盛发期防治为宜。防治指标为：秧苗3～5叶期卷叶率为10%～30%，最好选用长效农药，如果用短效农药，必须注意连续查治。常用农药及使用方法有：秧田期每亩用75%吡虫啉(艾美乐)2～3克，兑水喷雾。

(三)水稻田杂草防除技术

1.稻田杂草发生情况

一般情况下，杂草不是以孤立、单一的种群为害水稻，而是常以多种杂草构成群落形式为害。由多种杂草构成的群落比单种杂草对水稻为害具有更强的竞争性，也给防除工作增加了难度。不同的耕作制度、不同的栽培方式就有不同的杂草种类及杂草群落，其发生的时间及为害情况也各不相同，对除草剂的反应也不一样，这就要求人们必须根据杂草的发生特点，采用不同的方法才能对杂草进行有效的控制。研究、推广化学除草技术为主，辅之以农业技术措施等综合防治策略，是完全能够防除或减轻草害的。化学除草是减少劳力投入、夺取水稻高产优质的重要保证。在农业措施治理杂草中，当前还存在着收效慢、地域性强、杀草谱窄、受气候因子影响大等缺陷，使稻农往往重视化防而轻视农业措施在杂草治理中的作用。应用农业技术防除杂草对环境安全和食品安全的优点，越来越受到人们的重视。

2.杂草防除技术

(1)农业防除 水稻田杂草的出苗、生长、发育与为害,受到田间杂草种子库中种子量的多少、传入杂草种子的多少及田间管理等多种因素的影响与制约,而这些因素有一些是可以人为调节与控制的。人们在研究了解杂草种子来源及杂草生物学特性和发生规律的基础上,就能够很好地利用一些有利因素来控制杂草的发生及为害。

①精选种子。减少杂草种源是降低其发生为害的基础。通过精选种子剔除其夹杂的草籽、适时收获作物、不使用被草籽污染的水源、清洁田间环境、成株期人工拔除化除残存的大龄杂草等是压低杂草种源的有效措施。

②施用腐熟的农家肥。农家肥中会程度不同地携带一些杂草种子,农家肥经过堆沤高温处理,有机肥料腐熟后再施入田间,就可以减少有机肥料中的杂草种子量。

③清除田边杂草。路边、田边、沟渠边密生有各种杂草,这些杂草除可向田中蔓延为害外,其种子可通过水流、风传等途径进入田间,增加田间杂草种子量。最有效的方法是在路边、田边、沟边种植耐湿性绿肥植物,如三叶草等。三叶草的生长对杂草有很好的抑制作用,既高效、持久,又能作饲料和绿肥。

④合理密植。合理密植能加速水稻的封行进程,这是利用水稻自身的群体优势有效抑制杂草生长的方法。水稻与稗草等杂草间存在着明显的此消彼长的关系。当水稻密度过低时,各种杂草的生长优势明显,生长速度加快。在杂草发生严重的田块,适当增加水稻密度,促进水稻壮苗早发,有利于降低杂草为害。

⑤深水层控草。深水淹草是人们常用的控草方法。稗草在1～3叶期耐水淹的能力特别弱,在水层下6～7天就失去生命力。一般在移栽稻田杂草出苗初期,采用淹水方法可控制70%～80%的杂草为害。直播水稻3叶期后,千金子出草达高峰时灌深水3天,千金子死

亡率可达85%。促进水稻壮苗早发，以提高田间水层高度，来达到促苗抑草、以水控草的作用。结合水层管理施用除草剂，还可提高除草剂的使用效果。

⑥合理轮作。通过水稻与旱作物轮作，改变杂草生长环境，使水田的喜湿性杂草或旱地厌水性杂草互受生长条件改变等因素的制约，使杂草种子不能正常萌发，或生长不良，从而减轻杂草种群为害。

(2)移栽稻田化除技术　移栽前在田间保有水层情况下，均匀撒施农思它乳油后插秧；或在水稻移栽后4～8天均匀撒施农思它乳油；也可用丁·苄、乙·苄、丁·恶等药剂拌毒土撒施，药后必须保水5～7天才能保证药效。

在移栽稻田杂草2～3叶期，可用二氯·苄可湿性粉剂喷雾，药前1天排干田水，药后1～2天灌水3～5厘米，保水5～7天。

(3)水直播稻田化学除草技术

①水直播稻播前化除技术。用60%丁草胺乳油拌毒土撒施，于药后5天排水落谷；在播前4～5天，用90%高效杀草丹采用毒土、毒肥法均匀施药，施药时保持水层3～5厘米，至播种前1天排干水。

②水直稻播后出苗前化除技术。使用10%吡嘧磺隆、30%扫拂特、丙草胺加苄嘧磺隆等药剂，在稻田耕翻整平后，做好畦面，及时排水播种(所播稻种要催芽)，播后2～3天喷施药剂。

③水直播稻出苗后化除技术。秧苗处于扶针扎根期或1.0～1.5叶期、稗草及其他杂草处于1～2叶期，用10%恶嗪草酮加苄嘧磺隆喷雾施药，对千金子、稗草、双穗雀稗、异型莎草及阔叶杂草具有良好防效。

75%拜田净加37.5%敌稗，在秧苗1叶1心至2叶期用药，对稗草、千金子高效。42%禾草丹加苄嘧磺隆，在水稻1叶1心至2叶1心期喷雾施药，能防治稗草、千金子、莎草、阔叶草等杂草。具体方法是：用药前1天将田水排干，保持湿润，用药后2～3天灌浅水层，以后按常规管理，但施用量和方法若掌握不当会引起药害。

在秧苗2叶1心期，可用苯塞草胺加苄嘧磺隆（或吡嘧磺隆）在田间有水层条件下，撒施毒土或用二氯喹啉酸加苄嘧磺隆（或吡嘧磺隆）在用药前1天排干田水喷雾，药后1～2天灌水。

秧苗3叶1心期后，可用苄嘧磺隆（或吡嘧磺隆）在田间灌水4～5厘米条件下拌毒土或毒肥均匀撒施，保水10～15天，只能进水不能排水。用36%二氯·苄、2.5%稻杰、10%农美利均匀喷雾，用药前排干田水，药后1～2天灌水3～5厘米，保水5～7天，能防除田间三大类杂草，但对千金子无效。防除千金子可用"千金"均匀喷雾，药前排干水，药后1天灌水3～5厘米，保水7～8天。

(4)免耕直播稻田化除技术 用10%草甘膦水剂、20%克无踪水剂喷雾杀灭残存杂草。施药时田间无水层，药后2～5天灌水，保持水层5～10厘米浸泡2～3天，待水层自然落干时进行直播。2～3叶期是田间杂草出草高峰期，参照直播稻田用药方法。

(5)旱直播稻田化除技术 旱直播稻在播种后要求盖土2～3厘米或播种深度2～3厘米，趁墒情或灌水自然阴干后，用丁·恶乳油均匀喷雾，或者用二甲戊乐灵加吡嘧黄隆喷雾。

旱直播稻由于苗期生长弱、封行迟、地表裸露时间长，土壤封闭药效不可能达到全程控制杂草或土壤处理时土表干燥，除草效果不理想，可采用二次除草技术。在旱直播稻苗2～3叶期，用千金乳油加吡嘧黄隆可湿性粉剂，或千金乳油加二甲四氯可溶性粉剂，或二氯·苄可湿性粉剂，兑水喷雾，基本上可控制田间绝大多数杂草。

(6)抛秧稻田化除技术 在抛栽后5～7天，用丁·苄可湿性粉剂或苯噻·苄、异丙草·苄拌细湿土撒施；中期还可用二氯·苄可湿性粉剂或用二氯喹啉酸可湿性粉剂加二甲四氯补治1次，若田间有大量的千金子则用千金乳油补治。

四、水稻涝灾后的管理技术

安徽的沿江、沿淮稻区，水稻生长及收获季节往往受到洪涝灾害

影响，导致产量下降甚至颗粒无收。水稻受到涝灾后，要及时采取补救措施，以最大限度地降低经济损失。下面介绍一下水稻涝灾后的具体补救措施。

1.抢排积水

排出积水是灾后恢复水稻生长的紧迫任务，也是最有效的补救措施。排水时要注意天气情况，如在阴天，可一次性排完、落干，争取早日恢复生长；若遇晴天高温，可分期排水，先是植株上部露出水面，再排至浅薄水层，逐步落干，以免高温伤苗。当淹水过深、排水较晚时，表面看起来原有叶片全部枯死，这时应及时鉴别稻株是否死亡，只要根、生长点、心叶尚存活，则表明稻株有生机，仍可长出新叶。待稻色好转以后，坚持干干湿湿或浅水勤灌，间歇灌溉新鲜水，既保持土壤通气，又满足稻苗用水需要。

2.洗苗扶理

受淹水稻在退水时，要随退水捞去漂浮物，减少对稻苗的压伤和苗叶腐烂现象。在退水刚露苗尖时，要进行洗苗，一般可用竹竿来回震荡，洗去沾污茎叶的泥沙。

3.补施肥料

水稻受淹期间，营养器官受到不同程度的损伤，出水后植株重新恢复生长，需要大量的营养物质，要根据灾情及时施速效肥料，促进水稻灾后快速恢复生长，提高成穗率。当受淹水稻排水后稻苗恢复生机，即进行一次轻露田，以增强土壤通透性和根系活力，轻露田后结合灌浅水补施一次速效肥料。后期坚持浅水或湿润灌溉，以保持根系活力，提高结实率和粒重，从而弥补因涝灾造成的有效穗不足和穗粒数减少的损失。

4. 除虫防病

淹水后，恢复生长出的叶片较嫩，易遭稻纵卷叶螟等为害，叶片受损，通气不良，易发生纹枯病、白叶枯病等，因此，受涝后要及时用药防治病虫害。

五、水稻空秕粒的产生原因及提高结实率的措施

水稻空秕粒是指不受精的空粒和受精后发育不良的半空粒，这是水稻生产上普遍存在的一种现象。在正常的气候和栽培条件下，水稻的空秕粒率为10%～25%；但在一些特殊气候的年份，空秕可高达30%～50%，甚至更高，严重影响水稻产量。因此，在水稻生产上除了争取多穗大穗外，还要尽力提高结实率，减少空秕粒的产生，增加粒重，才能获得高产。

1. 空秕粒的产生原因

造成水稻空秕粒的原因比较复杂，总的来说既有内部原因，也有外部环境条件的原因。

(1)产生空秕粒的内部原因　形成水稻空粒的内部原因主要有两种：一是抽穗前雌雄性器官发育不全，不能完成受精过程，以致形成空粒；二是抽穗扬花时，雌雄性器官不能协调，造成授粉、受精不正常而形成空粒。形成秕粒的内部原因主要是由于穗部谷粒营养供应不良(如穗粒数过多)，致使部分小花的子房或胚乳中途停止发育而造成秕粒。

(2)产生空秕粒的外部原因　形成水稻空秕粒的外部环境因素主要有气候条件和栽培条件等。

①气候条件。在气候条件方面，湿度、温度、光照和风速等气候因素，对空秕粒的形成都有很大的影响。水稻抽穗开花期间最适宜

的温度为25～30℃，遇到20℃以下的低温，导致不能完成受精过程，形成空壳。若遇到35℃以上高温，同样对受精过程产生不利影响，空壳率会大大提高。安徽省近年来水稻上出现的高温热害，导致减产主要原因就是高温导致空粒增加。光照对空秕粒的形成影响也较大，由于米粒中的干物质95%以上来自光合作用的产物，在抽穗结实期间，阴雨天多，光照不足，就会增加空秕粒。湿度和风速对空秕粒的形成也有一定影响。水稻开花受精最适宜的湿度为70%～80%，气候干燥导致花粉粒不能萌发而影响受精，形成空壳。同样，开花期间大雨或连日阴雨、湿度过大，也会影响受精和结实，形成空秕粒。

②栽培条件。栽培条件不当会增加空秕粒的产生。幼穗分化期氮肥施用过多，叶片含氮高，不利于碳水化合物等营养物质的积累及运输，使空秕粒增加，通常说的"肥田出瘪稻"就是这个道理。若抽穗前期氮肥不足，抽穗后叶片早衰，也会导致营养供应不充分而增加空秕粒，导致减产。除氮肥外，水稻生育期间如缺少磷钾营养，同样会影响光合作用和加速生理机能的衰退，增加空秕粒。在灌溉方面，如抽穗开花期缺水，造成受精结实不良，就会增加空秕粒。稻田排水不良或长期灌深水，会引起黑根，中期晒田时间过长、过重，后期断水过早，导致根、叶早衰，也会增加空秕粒。栽培密度过大，封行过早，造成通风透光差，或受病虫为害，防治不及时，也都会使空秕粒大量增加，造成严重减产。

2.提高结实率的措施

要防止空秕粒的产生，达到高产的目的，必须采取综合的防止措施。

(1)选用结实率高的品种　水稻品种间的结实率高低差别很大。一般来说，抗逆性强、适应性广的品种，往往结实率较高。在生产上，应选用耐肥抗倒、耐寒耐热、抗旱耐涝、抽穗整齐、后期根叶不早衰、抗病虫能力强的品种，在抽穗扬花期对不良环境条件的抵抗力强，保证有较高的结实率。

(2)合理运筹水肥　要提高水稻结实率必须做到合理施肥、科学用水，防止前期肥水过多，封行过早，影响通风透光，病虫害加重等现象的发生；后期也要防止发生肥水过多或不足造成的贪青、晚熟或早衰现象发生，为水稻孕穗、抽穗扬花、授粉、受精及籽粒灌浆创造良好的肥水条件，从而提高结实率和促使谷粒饱满。

(3)适期播种移栽　适时播种移栽有利于避开或降低高温、低温对水稻的危害。根据不同的地区，合理安排好播种季节。早熟品种不宜过早播种，以免穗期遇到低温，增加空秕粒；晚稻不宜过迟播种，使其在安全齐穗期内齐穗，以免后期遇到低温而影响结实。

(4)采取应急措施　若水稻在孕穗到抽穗开花期间遇到高温或低温为害，应及时采取相应的措施补救，以降低为害程度，保证有较高的结实率。早稻孕穗期或晚稻抽穗扬花期，如遇20℃以下低温，应及时灌深水保温。如在灌深水同时加施保温剂，则效果更好。早稻或中稻抽穗扬花期遇35℃以上高温，可采用日灌深水，夜排降温，可适当降低温度，提高相对湿度，有利于提高结实率。在高温或低温出现时，根外喷施2%～3%过磷酸钙溶液或0.3%～0.5%磷酸二氢钾溶液，可增强稻株对高温、低温的抵抗力，有利于提高结实率和增加千粒重。

六、水稻倒伏的原因及预防措施

随着大穗品种的育成及推广，水稻施肥水平及产量水平也不断提高。但是，水稻后期发生倒伏而减产的几率也不断增加，安徽省近年来由于水稻发生倒伏而造成程度不同的减产实例屡见不鲜。防止和降低水稻倒伏的发生，对夺取水稻高产、稳产具有重要的现实意义。

1.水稻倒伏的类型

水稻倒伏通常有两种类型,即根倒和茎倒。由于根扎的浅,根系发育不良,支持力较差,遇到风雨侵蚀而发生平地倒伏称为根倒;由于植株发育不良,茎秆不壮,承受不起上部重量,从而发生不同程度的倒伏称为茎倒。

2.导致水稻倒伏的原因

(1)品种自身抗倒能力差　稻株节间长、茎秆细弱、叶片披垂、剑叶长以及根系发育不良的品种抗倒能力弱,容易发生倒伏;反之,稻株节间短、茎秆粗壮、叶片直立、剑叶短以及根系发达的品种抗倒能力强,不易发生倒伏。

(2)密度过高　每穴中栽插秧苗株数过多或栽插穴(蔸)数过多,会严重影响水稻个体的生长及田间通风透光条件,造成根系生长不良,稻株生长细弱,基部节间拉长,往往容易发生倒伏。

(3)肥水管理不当　偏施氮肥或氮肥施用过多,使稻株前期生长过旺,封行过早,通风透光差,穗期叶面积过大,容易造成倒伏;长期灌深水,造成根系发育不良,茎秆基部节间徒长,也易产生倒伏。

(4)耕作层过浅　由于耕作不当,耕作过浅,根系发育不良,导致倒伏。近年来,随着旋耕机的推广使用,很多稻田的耕作深度下降,严重影响了水稻根系的生长,导致水稻后期发生倒伏。

(5)病虫防治不及时　病虫害防治不及时或方法不当,使病虫为害加重,导致茎秆组织被破坏,因而产生倒伏。

3.防止水稻倒伏的主要措施

(1)选用耐肥抗倒品种　选用矮秆半矮秆、茎秆粗壮、根系发达、叶片直立的耐肥抗倒品种。

(2)合理运筹肥水　适时适量施用氮肥、增施磷钾肥对防止水稻发生倒伏具有重要作用。要适当控制穗肥的施用，特别是要控制大穗型品种的穗肥用量，对降低倒伏的发生具有重要意义。浅水勤灌或湿润灌溉，适时排水晒田，改善土壤环境，控制无效分蘖，促进根系生长，增强根系活力，使稻苗达到生长稳健，提高抗倒能力，降低倒伏的发生。

(3)**合理密植** 根据品种特性、肥水条件等合理栽插基本苗，建立合理的群体结构，防止群体密度过大，有利于群体通风透光、茎叶组织老健，增强茎秆的抗倒能力。

(4)**加深耕作层** 逐年加深耕作层，促进根系发达是防止水稻倒伏的一项重要措施。耕作层厚度一般要达到 18～20 厘米。

(5)**及时防治病虫害** 做好病虫害的预测预报，及时防治病虫害，降低病虫对茎秆的危害，提高茎秆抗倒性能。

第五章
水稻特殊栽培技术

一、水稻抛秧栽培技术

旱育秧抛栽的方法有软盘旱育抛栽、硬盘旱育抛栽、无盘旱育抛栽等。这里重点介绍软盘旱育抛秧栽培技术。

1. 育秧前准备

选用稳产高产、抗逆性强的品种。选择排灌方便、水源清洁、背风向阳、肥沃疏松的田地作苗床，按 1∶(60～65)的秧本田比例，确定净秧床面积，在作物收获后进行冬耕及培肥。每亩大田用 434 孔塑料盘按 50～55 张准备，561 孔塑料育秧软盘按 40～45 张准备。秧龄长的用 434 孔秧盘，秧龄短的选用 561 孔秧盘。每 100 个秧盘需准备营养土 150 千克，壮秧剂 2.5 千克，混拌均匀。耕翻苗床，开沟做厢，整细整平。

2. 选种催芽

杂交早稻每亩大田用种量 1.5～2 千克，常规早稻约 6 千克，杂交中、晚稻约 1.5 千克。播种前选择晴天晒种 1～2 天，并用泥水或盐水选种，除去秕谷。浸种催芽时要求做到根芽短壮。中、晚稻破胸后直接播种。

3.摆盘播种

(1)摆盘 在平整的厢面上,先浇透水,再将2个塑料软盘横摆,用木板轻轻压实,使软盘与床土充分接触,盘与盘衔接无缝隙。

(2)播种 将营养土撒入摆好的秧盘孔中,以装满秧盘孔容量的2/3为宜,再按每亩大田用种量,均匀播到每个孔中,杂交稻每孔1～2粒种子,常规稻每孔3～4粒种子,尽量降低空穴率,然后覆盖营养土,并用扫帚扫平,使孔与孔之间无余土,以免串根影响抛秧,播后用细喷壶浇足水分。旱育秧苗床杂草多,播种盖土后用旱育秧田专用除草剂喷施,进行封闭。注意早稻、中稻盖膜保温;晚稻盖菜籽壳、麦秆或无病稻草遮阴保湿。

4.苗床管理

播种以后至出苗前一般不必浇水,发现有缺水发白的地方可以补浇一次;保温育苗的,如湿度过大,可在中午前后揭膜晾床降低湿度。1叶1心到2叶1心期,叶片不卷叶不浇水。秧苗出齐后,要注意浇水,以秧苗叶片不卷筒为标准。保温育苗的膜内温度超过35℃时,应及时揭开两头通风降温,以免烧芽。同时,做好病虫草害的防治工作。在抛栽前2～3天浇一次透墒水,促进发生新根,利于抛栽后返青成活。秧龄超过25～30天的,对缺肥的秧苗可适当追施送嫁肥,但要注意保证秧苗高度不超过20厘米。

5.大田抛栽及管理

(1)整地及施肥 抛秧栽培大田整地质量要求达到“浅、平、糊、净”的标准,有利于扎根立苗。在整地前将全生育期氮肥的50％～60％、磷肥的100％、钾肥的50％施入,然后进行整地。

(2)起秧及抛栽 在起秧的前一天下午浇一次透水,以保证起秧时秧苗根部带有“吸湿泥球”。抛秧最好选阴天或多云天的下午进

行，杂交稻每亩大田抛1.8万～2.2万穴，常规稻每亩大田抛2.2万～2.5万穴。每隔3～5米留一个0.3～0.4米的作业道。避免大风大雨天抛栽，要掌握抛栽技术，尽力提高直立苗所占的比例，减少平躺苗的比例。

(3)抛栽大田管理

①水分管理。抛栽后4～5天内实行无水层管理，保持田面湿润，以利于扎根返青立苗。立苗后进行湿润或浅水层灌溉，以促进分蘖发生。当群体茎蘖数达到预期有效穗数的80%～85%时，及时排水晒田。抛秧栽培后期容易发生倒伏，所以，晒田要重晒，一般晒致土发白、田边开大裂、中间开小裂为止。晒田后致抽穗实行浅水层灌溉，抽穗后进行湿润灌溉，收割前7～10天断水。

②肥料管理。根据抛秧田前期分蘖发生快、后期容易倒伏的特点，氮、钾肥施用适当后移，氮肥的20%～30%作为穗肥、10%作为粒肥施用；钾肥的30%作为拔节肥、20%作为穗肥施用。

③病虫草害防治。抛栽田前期要做好病虫草害防治工作，后期通风性较差，往往容易发生病虫为害，要注意做好病虫草害的防治工作。具体防治方法参照一般大田生产。

二、水稻直播高产栽培技术

水稻直播高产栽培技术是指水稻种子不经过育秧和移栽，而直接将种子播于大田的一种栽培方法。此种栽培方法免去了育秧及栽插，能大量节约人工投入，是一项轻型栽培技术，近年来受到了广大稻农的欢迎，水稻直播栽培面积有逐年扩大的趋势。

1.品种选择

直播稻密度较大，田间通风透光性较差，易产生倒伏；晚茬（如麦茬）直播稻穗期还容易遭到低温为害。因此，直播水稻应选用茎秆高度中等、株型紧凑、耐肥抗倒、生育期适宜的优质高产品种。

2.精细整地

整地质量的高低关系到直播稻种子的发芽率及出苗率。整地要力求做到早耕翻，让杂草、稻桩在播种前腐烂掉；耕整后田块要分畦，畦宽2～3米，力求做到整个田块高差不超过1厘米，畦面不积水；耕层土壤要软硬适中，上烂下硬，一般在播种前1～2天平整好，待泥浆沉淀后再播种；沟渠要配套，沟沟相连，保证能及时排灌。

3.适时播种，提高播种质量

(1)播种期和播种量　早稻直播要求在日平均温度稳定上升到12～14℃时才能播种，播种期一般在4月中上旬，单季稻适宜播期在5月上旬。麦茬、油菜茬要抢时力争早播，以保证在安全齐穗期内齐穗。常规稻亩播种量为3.5～4千克，杂交稻亩播种量为1.3～1.5千克。

(2)浸种催芽　直播早稻最好催芽后播种，有利于防止低温烂芽，提高出苗率；一季直播中稻由于播种期温度高，可以浸种后不催芽直接播种，甚至可用干种子直接播种；麦茬直播稻生长季节紧，最好催芽后播种，这样有利于提早出苗、生长，降低后期低温为害的发生。播种前要做好选种、晒种和浸种消毒等工作。

(3)提高播种质量　为了保证播种均匀，要求按畦定量播种，一般分2～3次播完，第一次先播60％～70％，第二次再播20％～30％，第三次补播10％。播种后轻塌谷入泥，视天气情况保持畦面湿润状态。到秧苗2～3叶期要及时疏密补稀，尽可能使稻株分布均匀、生长整齐。

4.杂草防除

直播稻田杂草往往发生严重，搞好化学除草是夺取直播水稻高产的关键技术之一。直播稻田除草要抓好以下几个阶段：耕翻整地

前，在杂草出土后进行机械耙地灭草，对老草较多的田块可以在翻耕前7天用灭生性除草剂除老草；播种后用封闭剂封杀；秧苗期间根据杂草类型，选择适宜的除草剂除草。

5.科学管水

科学管水是调控直播水稻群体发展的重要措施。直播稻的水分管理应根据秧苗的生育进程而定。

(1)从播种至1叶1心期　要做到晴天满沟水，阴天半沟水，小雨排干水，保持秧板湿润而不淹灌。若遇大雨，如果水源允许，应灌深水，以防倒苗。

(2)1叶1心期至3叶1心期　以湿润灌溉为主，促进根系下扎。

(3)秧苗4叶期后　4叶期以后即进入分蘖期，进行间歇灌溉或湿润灌溉，干湿交替，促进分蘖与扎根。

(4)够苗晒田　直播稻分蘖发生早、发生快，晒田一般比移栽稻要适当提前。当每亩茎蘖数，杂交稻达到20万～25万株，常规稻达到30万～35万株时，要及时排水晒田，控制无效分蘖发生，建立合理的群体。

(5)足水孕穗　孕穗期最好浅水层灌溉，促进幼穗分化，以有利于形成大穗。

(6)适时断水　抽穗后要干湿交替，保持根、叶活力，促进籽粒灌浆，防止断水过早。

6.科学施肥

由于直播稻有分蘖发生早、分蘖多，幼穗分化、抽穗早，根系分布浅、容易倒伏等特点，所以在施肥上要力求做到施足基肥，少施或不施分蘖肥，追施穗肥。一般亩产500～550千克的直播稻，每亩需施纯氮15～17千克、五氧化二磷6～8千克、氧化钾8～10千克。

(1)施足基肥　基肥以有机肥与化肥相配合，采用全层施肥方法，不要面施。在大田翻耕时，将腐熟的有机肥和100%磷肥、60%～70%氮肥、70%～80%钾肥一次性施入。

(2)少施或不施分蘖肥 对于苗情差的田块可适当追施分蘖肥，但分蘖肥应控制在总氮肥量的30%以内，且要早施。

(3)巧施穗肥 穗肥不宜过早，可在拔节后追施，用氮肥总量的15%～20%和钾肥总量的20%～30%，以促使幼穗分化和提高结实率。后期视水稻长势，可在始穗后适量追施粒肥，以防后期根、叶早衰。

7.病虫害防治

直播稻群体较大，根系分布浅，在抽穗扬花期要重点预防纹枯病发生和稻飞虱为害。防治纹枯病可选用20%井冈霉素粉剂或15%三唑酮可湿性粉剂兑水喷雾；防治稻飞虱可选用扑虱灵或25%噻虫嗪兑水喷雾。施药时要兑足水量，喷施于水稻中下部。同时还要做好稻瘟病、稻螟虫、稻蓟马等病虫害防治。

三、水稻免耕直播栽培技术

免耕直播稻与常规直播稻、移栽稻相比，稻株矮小，穗粒数减少。在决定产量的主要因素有效穗数、实粒数、千粒重中，以有效穗数对产量的贡献最大，实粒数次之，千粒重影响较小。因此要使免耕直播稻高产、稳产，首要的目标就是确保有效穗数，同时搞好肥水管理，适当提高结实率和千粒重。

1.选用大穗型高产品种

选用大穗型高产品种，为免耕直播稻在确保穗数的同时增加穗粒数奠定基础。因为同一水稻品种免耕直播较移栽栽培穗粒数明显减少，如果用穗型较小的品种作为免耕直播稻的品种，穗粒数将变得更少，会影响免耕直播稻产量的提高。生产上免耕直播稻一般可选

用超级稻品种。因为超级稻品种一般具有抗逆性强、分蘖力强、茎秆粗壮、株高适宜、穗大、产量构成因素协调等特点。

2.适时播种，确保全苗

免耕直播稻的茬口一般为油菜、小麦。油菜、小麦收获时留桩高度一般控制在20～25厘米以下，油菜、小麦收获后要及时灭茬，每亩用草甘膦类除草剂（或克无踪除草剂）杀灭田间杂草后灌水泡田，并整平厢面，清除厢面厢沟杂草，田间灌水浸泡时间保留控制2～3天。每亩播种量杂交稻控制在1.5千克左右，常规稻控制在3～4千克。播种前先浸泡12小时后淋干水，用种衣剂包衣后均匀播种、塌谷，并用油菜壳或麦壳均匀覆盖，有利于匀苗全苗，提高出苗率。

3.合理分厢

免耕直播稻栽培中，合理开沟分厢对提高稻田利用率具有重要意义。因厢面宽度大小与开沟数量的多少将直接影响单位面积种子分布量以及稻田合理利用，所以合理安排厢面宽度是非常重要的。一般要求开沟方向统一，厢面一致，保证厢面宽度为1.5～2米，沟宽0.2～0.3米，沟深0.15～0.2米，稻田利用率可保证在90%以上。

4.化学除草

播后3～7天，用丁·恶乳油等进行封闭除草；到秧苗3～4叶期，用五氟磺草胺等进行第二次除草。结合大田情况可进行3次补防，用药后1～2天复水，保持厢面5～7天湿润。

5.移密补稀

当田间杂草防除后，根据秧苗长势长相及时移密补稀，间苗定苗，一般每平方米保证90～120株秧苗，即大田每亩基本苗控制在6万～8万株。定苗一般在秧苗3～4叶龄时进行最为适宜。

6. 科学施肥，平稳促进

免耕直播稻苗期根系入土浅，根系主要分布在土壤表层，吸收量少，分蘖期持续时间长，肥料宜分次施用，中后期根系健壮发达，吸收能力强，需求量大，应重点提高中后期供肥水平。目标产量600千克/亩，按纯氮15～17千克/亩、五氧化二磷6～8千克/亩、氧化钾8～10千克/亩施肥，其中氮肥按底肥、苗肥、分蘖肥、穗肥、粒肥各占30％、15％、15％、30％、10％，磷肥按底肥和分蘖肥各半，钾肥按底肥、拔节肥、穗肥各占40％、40％、20％的比例施用。

7. 适度控水，防止倒伏

免耕直播稻苗期根系入土浅，根系主要分布在土壤表层，容易产生倒伏。适度控水、促进根系深扎是免耕直播稻生产管理上最主要的技术措施之一，是获取高产的关键。免耕直播稻水分管理以不建立水层又确保土壤湿润为原则，整个水稻生育期内水分管理按“满沟播种、湿润分蘖、旱管拔节、沟水孕穗、干湿壮籽”的方式进行，保证土壤长期处在通气富氧状态下，有利于增强根系活力，提高抗倒能力。

8. 防治病虫

免耕直播稻的病虫害往往发生较重，要根据病虫害的发生规律以及免耕直播稻的生长特点，及时做好病虫害的防治工作。

四、有机稻栽培技术

有机稻生产是一种完全不用化肥、农药、生长调节剂等任何有毒有害物质，也不使用生物基因工程技术及其产物的水稻生产方式。其核心是建立和恢复农业生态系统生物多样性，实现良性循环，保持水稻生产的可持续发展，确保稻米质量安全。

1.选用抗病、抗虫的优良品种

有机水稻由于不施用农药、化肥、除草剂等化学物质，所以要选择抗病虫害能力强、分蘖力强、大穗、米质优良、商品性好、适宜旱育苗、超稀植栽培模式的优良品种。种子的纯净度在95%以上，发芽率在95%以上，生育期适宜，保证在安全齐穗期内齐穗。

2.适时早播早栽

播前进行种子处理，确保一播全苗。在安徽淮河以南，冬闲田、绿肥田茬口的水稻在3月底至4月初育苗，4月底5月初移栽。育苗采取大棚旱育或小拱棚旱育，培育壮秧。在条件满足的条件下，尽可能早播早栽，避开病虫害高发期，为确保稳产高产打下基础。要做到边起秧边插秧，提高插秧质量，缩短缓苗期。合理密植，发现缺苗地方，进行移苗补栽，确保苗全、苗齐、苗匀、苗壮。

3.合理施肥

由于有机稻生产不施用化肥，因此，作物秸秆、禽畜粪肥、豆科作物、绿肥、菜籽饼等有机生物肥料是有机稻田块土壤肥力的主要来源。

(1)基肥　每亩用腐熟的鸡粪或鸭粪等200～300千克，于栽前施入土壤中。菜籽饼、鸡粪或鸭粪在使用前7～10天，按1吨菜籽饼、鸡粪或鸭粪用2～3千克酵素菌速腐剂充分拌匀，湿度以手握成团、齐胸落地即散为标准。然后用塑料薄膜覆盖保湿增温，密封发酵7～10天腐熟后即可使用。在密封腐熟过程中，最高温度应为55～60℃。因为温度过高，会破坏肥效。

(2)追肥　有机稻在生长过程中，因不施化肥，往往分蘖不足，叶色偏淡。因此，在移栽后7天，每亩须追施100～200千克左右腐熟的农家肥作分蘖肥，晒田前期再追施100千克腐熟的农家肥，提高分蘖成穗率。根据地力、长势长相和底肥多少，合理追施穗、粒肥，保证供应水稻生育后期对营养元素的需要，防止根、叶早衰。

4.洁水灌溉、科学用水

有机水稻灌溉水源必须清洁无污染，绝不能用工业废水、生活污水灌田，应做到单排单灌。在水层管理上，以浅水层为主，达到以水控草、以气养根、以根保叶、活秆成熟的目的。具体灌水方法：移栽期薄水，返青后浅水（2～3 厘米水层），有效分蘖前以浅水和湿润为主，促进分蘖，有效分蘖结束时，立即排水晒田，控制无效分蘖，晒田程度达到田面发白、地面有裂纹为止。晒田后采取间歇灌溉，以气促根，以根保叶，养根保蘖、增穗。黄熟期末断水。

5.病虫草害防治

有机稻生长过程中，由于禁用化学农药和生长调节剂等，因此，对病虫草害的控制主要采取如下综合措施：选用抗虫抗病品种；采取稻田放鸭或养鱼，利用鱼、鸭捕食害虫来控制虫害；如果虫害发生不严重，也可以人工消灭；科学水层管理和合理使用有机肥控制病害；合理密植，防止栽插密度过大而引发病虫害；科学施用有机肥，防止施肥过多，旺长贪青，造成病虫害发生等；草害可通过提前泡田、诱草萌发、再耕翻灭草、人工除草、有机肥充分腐熟后施用等方法解决。

五、水稻机械化栽培技术

水稻生产是一项费力、费工的劳动密集型产业。随着农村产业结构、农村经济及农业资源的不断调整，大量劳动力向城市、乡镇转移，水稻栽培机械化势在必行。它对减轻劳动强度、改进作业质量、降低生产成本、提高劳动生产效率、抵御自然灾害、保障国家粮食安全、推动水稻产业化生产具有重要意义。

安徽省水稻机械化生产起步较晚，1996 年以前育栽环节机械化

程度几乎为零，机收面积也不足2%。但近10多年来，水稻机械化生产发展很快，至2012年，全省水稻机收面积已达到水稻总面积的90%以上。机械育秧、栽插技术日趋完善，也正在示范推广之中，有的县区机械育栽面积已超过40%。以机械栽插为主要技术的水稻栽培机械化已展现出广阔的应用前景。

（一）稻田耕整机械化

1.稻田机械耕作的技术要求

原则上稻田机械耕整作业应进行旱翻耕、水整平。耕整最好在适宜的墒情下进行，一般旱耕土壤含水量在10%～30%，机耕耕深为16～20厘米，水耕时田泥深度小于25厘米，并保持5厘米左右深度的水层。旱耕水耙需要提前一天放水浸泡，放水量以刚浸没泥土为宜，耙地时地表水深4～5厘米。耕地要深浅一致，地边地头整齐，翻垡良好，松碎均匀，无重耕和漏耕，无较大的垄台和垄沟。耙田时相邻两行间距离有10～20厘米的重叠层，避免漏耙，耙田后同一田块高低差不超过3厘米。

2.作业工艺及机具的选择

(1)水耕水耙　水耕水耙适用于双季稻产区及绿肥田，一般选用圆盘犁、桦式犁耕地，水田驱动耙（或水田耙、丁齿耙）整地；或者选用旋耕机耕地，然后用水田圆盘耙（或水田耙）耙地；也可用小型水田耕整机先耕地，然后耙地耖地。

(2)旱耕水耙　旱耕水耙适宜于油菜（麦）茬单季水稻区，油菜（麦）收获后用桦式犁等（或灭茬旋耕机、圆盘犁）旱耕，耕翻后如天气晴朗，晒1～2天后放水浸泡，再用水田耙整地。

3.机械耕作注意事项

水稻田在耕整机械作业过程中,犁耙上严禁乘人或放置重物,速度应控制在3～5千米/小时范围内,作业中不得对犁及其他机具进行检修,需要检修时应停车进行。作业到田头转弯或转移过田埂时,应提起机具,机具提升高度不小于20厘米,减速行驶。作业中听到不正常的声音应及时切断动力、停车检查,排除故障后方可继续工作。

(二)水稻栽插机械化

1.机插水稻的生育特点

(1)苗期生育特点 机插秧缓苗期较长,一般要经5～7天成活,10～14天才开始分蘖。机插秧苗期密度大,幼苗生长较整齐,但个体占有的空间小,株间竞争激烈,个体活力及抗逆性相对较弱。

(2)分蘖发生特点 机插水稻秧苗秧龄短,移栽时叶龄小,因而其分蘖节位多、分蘖期持续时间长。同时,机插深度浅,也促进了分蘖的发生。因此,不仅大田期分蘖发生多,而且分蘖发生集中而势旺,导致高峰苗多,但分蘖的成穗率较低。

(3)生育期及产量特点 由于机插水稻比常规手插中、大苗的秧龄短,水稻播期推迟,叶片数减少,植株稍矮,个体生产量较小,全生育期缩短,单位面积穗数多但穗粒数少。

2.机插水稻育秧技术

水稻机械栽插是一项投资少、效益高的农业生产方式,但是,机械插秧对秧苗质量要求较高,即育出的秧苗必须适于机械栽插的要求。因此,推广机械化插秧时必须进行设备与育秧方式的合理选择,最好采用专业化、工厂化、规模化育秧。育秧技术重点抓好秧田及营养土准备、播种及秧田管理等几个环节。

(1)育秧准备

①秧田准备。选择运秧方便、排灌分开、便于操作管理的田块作育秧基地。

②盘膜准备。软盘育秧的塑盘规格为58厘米×28厘米×2厘米，每公顷大田杂交稻需240～270张盘，常规稻需270～300张盘；双膜育秧每公顷大田需准备60～80米有孔地膜。

③营养土准备。选用菜园土或耕作熟化的旱地土壤，粉碎过筛，土粒径小于5毫米，用旱秧壮秧剂培肥，壮秧剂用量按产品说明书执行。每亩大田备足营养土100～110千克，另备未培肥过筛细土25～30千克作盖籽土。

④秧畦制作。畦面宽140厘米，沟宽25厘米，沟深15厘米，田周围沟宽30厘米，深20厘米。播种前10～15天，上水耖田耙地，开沟做畦，秧畦做好后排水晾畦，使畦面沉实，播前两天铲高补低，填平裂缝，并充分拍实，畦面达到"平、实、光、直"。播种前一天灌平沟水，待床土充分吸水后排水，或用喷壶浇水，使土壤达饱和含水量。

(2)播种

①播种量。播种量多少与秧龄关系密切，同时对秧苗的素质影响很大，从而影响到机插水稻的最终产量。因此，要根据秧龄的长短灵活调整播种量。机插水稻在秧龄20～25天条件下，杂交稻每盘播干种70～75克(芽谷90～100克)，常规稻100～110克(芽谷130～140克)为宜。

②铺盘、装土。两盘并列对放，之间紧密无空隙，盘底要紧贴秧板无悬空。然后装土，土厚1.6～1.8厘米，用木条刮平。

③播种。播种时按盘秤种，分次细播，力求播种均匀，播后撒土盖籽，盖土均匀，厚度掌握在0.3～0.5厘米，灌平沟水湿润秧板，沿秧板四周整好盘边。

(3)秧田管理

①封膜、保墒。沿秧畦纵向每隔30～50厘米平放一根竹竿、木

棍或其他秸秆(预防揭膜前下雨),后平盖农膜,四周封实封严。封膜后加盖一层薄麦草或无病稻草,遮阳降温,预防晴天中午高温灼伤幼苗,确保膜内温度为30～35℃。封膜盖好后灌一次平沟水,湿润全部秧畦后排水,以利控温保湿促齐苗。为了防止下雨淹没秧畦,造成缺氧烂芽,齐苗前必须开好平水缺。

②揭膜炼苗。播后3～4天,齐苗后晴天在傍晚,阴雨天在上午8～9时揭膜通风、炼苗,并灌一次平沟水,以弥补盘内水分不足。

③秧田管水。揭膜至2叶期前建立平沟水至半沟水,保持盘面湿润不发白,盘土含水又透气,以利秧苗盘根;2～3叶期视天气情况勤灌跑马水,做到前水不干后水不进;移栽前3～4天,灌半沟水蹲苗,以利机插。

④秧田追肥。秧苗1叶1心时,每亩秧田用尿素4～5千克,于傍晚待秧苗叶尖吐水时建立薄水层,均匀撒施或对水浇施。移栽前4～5天,看苗施好送嫁肥,尿素用量每亩不超过5千克。

3.机插

(1)大田准备 机插大田整地应做到田平(水深2厘米时,不得有4米^{2}的田面露出水面)、泥烂(上烂下实不拥泥,泥浆沉实不板结),泥脚深度不大于30厘米,平整后沉淀1～3天后才能插秧。

(2)栽插密度 杂交稻机插的栽插规格行距一般为30厘米左右,穴距13.3厘米左右,1.6万穴/亩左右为宜。每穴栽种子苗2.5～3.0株,常规稻2万穴/亩左右,每穴栽种子苗4～5株。

(3)机插质量要求 根据栽插密度的要求调整好机械,确定好取秧量、穴距、行距(可调式插秧机)。机插秧苗要尽力做到稳(不漂秧)、直、不下沉。伤秧率及漏插率均小于或等于5%。行距一致,不压苗。

4.大田管理

(1)水分管理 移栽至有效分蘖期:保持3厘米水层至湿润,湿润立苗,浅水分蘖。无效分蘖期至灌浆初期:湿润管理,够苗搁田,多次轻搁,当田间茎蘖数达到预期穗数的75%～80%时,即排水晒田;晒田复水后灌一次水,待沟底(深10～15厘米)无水1～2天后,再上新水3～4厘米;自然落干后待沟底无水1～2天后,再上水,直到灌浆初期。灌浆至成熟期:采用间隙灌溉,干干湿湿,防止断水过早,收割前5～7天断水。

(2)除草 移栽前2天,进行化学除草;移栽后7天,再用相应药剂进行第二次化除。

(3)施肥

①施肥量。有机肥、无机肥配套施用,适氮稳磷增钾。每亩大田总用肥量折纯氮15～18千克,五氧化二磷6～8千克,氧化钾8～10千克。氮肥基蘖肥与穗肥比例为(6～7):(3～4)。

②施肥时期。分蘖肥在栽后7天、12天分2次施用,促花肥在拔节初期施用,保花肥为抽穗前15天左右施用。

(三)水稻植保机械化

1.植保机械的选择与检修

生产中要根据具体的防治对象和作业方式,选择适合的植保机械,使用前要提前做好检查调整,检查各部分零件是否齐全、完好,药桶有无渗漏,各接头垫圈是否完整无损等。

2.确立防治方案

了解水稻不同生长期病虫害发生特点,在预报信息准确的前提下,选择合适的农药品种及剂型,按标准用药量用药,做到有的放矢、对症下药。掌握最佳的用药时机是提高防治效果的关键，一般在病菌的孢子萌发后、害虫在孵化后至3龄前、杂草在萌芽至3叶前的抗药性最弱，此时用药效果最好。

3.植保作业的技术要求

先发动机器，待机器各部件运行正常后，操作人员先行走，再打开输液（或粉门）阀门，喷洒农药；喷药结束时，先关闭输液阀门再关机。喷药时不允许逆风向喷药，风速3级以上或风向不定时禁止喷药。高温季节最好在早晚进行喷药，粉剂农药应在露水未干前施撒，提高防效。作业中发现机械运转不正常或其他故障，应立即停机检修，排除故障。喷药结束后要清除药箱内残存药液或粉剂，并用清水冲洗干净。

4.施用农药应注意的事项

配制药液时，要戴好皮手套，防止药剂对人体的伤害。喷药过程中发生堵塞时，应先用清水冲洗后再检修、排除故障，严禁用嘴吹吸喷头和滤网。皮肤病患者、体弱多病及“三期”（哺乳期、孕期、经期）妇女不得进行施药作业。施药人员施药期间不得吸烟、饮酒、喝水、吃东西，必须戴防毒面具，穿长袖衣、裤，施药时间每天不得超过6小时。施药作业结束后，应立即用肥皂彻底清洗手、脸，然后再洗澡，被农药污染的工作服要及时换洗。

（四）水稻灌溉机械化

1.灌溉机组的选配

根据水稻面积和需水规律以及扬程高低、流量大小、水源情况等，确定水泵和动力机的型号、数量以及两者之间的合理匹配。

2.输水管与管件的选择

由于进水的负压较大,选择的进水管要有足够的强度、刚度和气密性,不会因负压而变形,管壁、接头要不漏气、不漏水。在可能的条件下,要尽量缩短进水管道,管径要适当加大,尽量减少转弯次数与角度。为了改善水泵进水口的流速分布,使管中水流速分布尽可能均匀,在弯头与水泵进水口之间,应装置长度不小于5倍管径的直管作为过渡段。出水压力大时,出水管要选择有埋线的胶管、钢管、铁铸管等。

3.机械灌溉技术要求

轴流泵要避免在偏离设计点的小流量下运行,更不允许在关死零流量时启动和运行。离心泵(除自吸泵外)启动前要先向泵内充满水或用真空泵等附属装置抽气、引水,关闭出水管上的闸阀后启动,关闸时间一般不超过3～5分钟。混流泵无须关阀、充水,只要在橡皮轴承中加注一些润滑水即可启动。启动时转速要逐步升高,直到达到额定转速。水泵运行中,操作人员要加强检查,发现情况异常,立即停机检查,排除故障。

(五)水稻收获机械化

1.机械化收获方式

水稻收获机械化是指用机械一次完成或分别完成收割、脱粒、分离、清选等的技术过程。机械化收获方式可分为:分段收获、联合收获和两段收获。

(1)分段收获　分段收获技术,即使用扶禾器收割机将水稻割倒,然后人工捆禾或田间分把脱粒;或运到场上人工脱粒,或机械打场脱粒。

(2)联合收获 联合收获技术,即使用联合收割机一次完成收割、脱粒、茎秆分离、稻谷清选,将稻谷装袋或输入粮箱,随车卸粮等工序。

(3)两段收获 两段收获技术,即使用与拖拉机配套的割晒机,将稻株收割后条铺在稻茬上,经过3～5天的晾晒后,用装有捡拾器的联合收割机捡拾稻株,然后脱粒、清选、装袋。

2.机械化收获的时期及技术要求

机械收获水稻的时期应掌握在蜡熟末期至黄熟期进行。联合收割机收获水稻及两段联合收割作业的总损失率一般小于3%,分段收获总损失率较高,但一般也不超过8%。割茬高度要一致,正常情况下割茬高度一般不超过20厘米。水稻高度在70～120厘米适合联合收割机收割;高度大于120厘米的,留茬高度应在30厘米左右;高度小于70厘米的,割茬应尽可能留低,并可酌情加快收割速度。水稻群体大、产量高的,收割作业速度宜低;相反,群体小、产量低的则速度宜高,即通过选择相适宜的作业速度,使额定喂入量保持稳定。收获倒伏水稻时,通过运用扶禾装置,选择适合的收割方向、速度等协调解决。联合收割机要尽量避免在雨后和早晨露水大时作业,收割时稻谷含水率应为15%～26%。出穗不整齐、穗位高低差大于25厘米的水稻,应使用全喂式联合收割机收割,以降低损失。

六、水稻旱种水管节水栽培技术

水稻旱种水管节水栽培技术是指水稻未经育苗、移栽,在旱作情况下整地后直接播种,在一定时期内再建立水层管理的一种抗旱节水栽培方式。水稻旱种水管节水栽培技术的核心是节约用水。其原理是根据水稻的生理生态需水规律,充分利用自然降水,免去育苗、泡田、插秧等作业和用水环节,旱整地、旱直播,苗期旱长,生育中后期进行合理灌溉、科学用水,最大限度地提高水分利用效率,达到节

水、高产、高效的目的。此项技术可在江淮丘陵水源紧张的“望天田”应用，也可在直流灌溉稻区应用，还可在大别山区、皖南山区应用。

旱种水管条件下，水稻在生育前期长势较差，没有移栽稻长势强，但在生育中期后长势超过移栽稻。同时，水稻旱种水管条件下茎秆明显比移栽稻茎秆硬，根系发达、活力强，抗倒伏能力显著增强，发生倒伏的危险大大降低。旱种水管条件下，水稻的穗粒数比移栽稻有所减少，但有效穗数及千粒重增加，增产明显。水稻旱种水管节水栽培技术主要注意以下几点。

1.选择适宜的品种

水稻旱种水管节水栽培与水稻移栽栽培，在品种选择上存在着明显差异。麦茬、油菜茬口水稻旱种水管节水栽培应选择生育期适宜（生育期一般在140天以内）、根系发达、茎秆粗壮、抗逆性强的品种，保证在安全齐穗期内齐穗。

2.种子处理

在晴天阳光下晒种2～3天，以提高酶的活性，促进种子的发芽。用泥水或盐水选种，清除秕谷、草籽和杂物。具体方法为：每50千克水加食盐10千克或黄黏土12.5千克，充分搅拌溶解后加入稻种，捞除漂浮的杂物和秕谷，用清水将稻种洗净，再用清水浸种1～2天，捞出晾干（种子互不粘连）即可播种。病害严重的地区，可结合浸种进行药剂消毒处理。

3.整地

水稻旱种水管的整地质量要求较高，如整地不平、耙地不细，不仅会影响全苗，而且使后期灌水深浅不一，也影响除草剂土壤封闭的效果。因此，整地要做到地平、土碎、无明暗坷垃，一般用旋耕机旋耕2～3遍。对冬闲地提倡秋、冬深耕翻，冻融熟化土壤，改善土壤理化性质，播种前再浅耕、浅耙整地。腐熟农家肥要在耙地前撒施。

4. 播种

播种时期，早稻以5厘米地温稳定通过10～12℃、土壤含水量大于20%时为适宜播种期，中晚稻播期以茬口而定，迟茬口（如麦茬）要抢时播种。播种量依据品种特性、茬口早迟、土地肥力等条件而定。原则上是：杂交稻稀播，常规稻密播；肥地稀播，瘦地密播；早茬口稀播，迟茬口密播。一般每亩杂交稻播种量为1.5～2千克，常规稻为5～6千克。

具体的播种方法是人工撒播或机械条播，人工撒播后一定要耙地盖种，盖种以不露籽为标准，机械条播播种深度以3～4厘米为宜。

5. 化学除草

水稻旱种水管田间杂草往往较多，以化学药剂除草为主，辅之以人工除草。化学除草一般采用播后苗前土壤封闭和苗后茎叶处理两种方法。化学除草剂的选择以田间杂草种类为准，两种以上药剂混合使用效果更好。土壤封闭要求在土壤含水量较高（最好湿润）状况下，每亩用丁草胺150毫升加农思它0.25千克，兑水75千克，在无风、晴天的下午在土壤表面均匀喷雾。茎叶处理应在稻苗2叶1心至3叶期进行。

6. 管理技术要点

（1）水分管理 水稻旱种水管应在稻苗4～5片叶期灌水，灌水时间不宜过早。本着"头水轻、后水重"的原则，开始缓灌浅灌"过趟水"，以适应水稻在旱作情况下的环境条件。复水应在头遍水落干后的3～4天再灌。以后根据水稻生育进程适时适量灌水。

（2）肥料管理 在施足基肥的前提下，水稻旱种水管追肥本着"前促、中稳、后补"的原则，即适时施好促蘖肥，稳施、巧施穗肥，看苗

情补施粒肥，以促进穗数、粒数、粒重协调发展。第一次追肥应在稻苗4～5叶时结合第一次灌水进行，每亩用水稻专用复合肥25～30千克，以促使分蘖早生快发；在分蘖中期，即第一次施肥后的12～15天，再施一次保蘖肥，每亩施尿素10千克左右；出穗前一个月再施一次肥，以促进颖花的形成（具体肥料用量看苗而定）；出穗前5～7天看长势施一次粒肥，以促进水稻灌浆结实和粒重的提高。

(3)病虫草害防治　水稻旱种水管病虫草害防治同水稻其他栽培方式。

七、水稻抗旱节水栽培技术

中国是世界上13个严重缺水的国家之一，淡水资源总量为28000亿立方米，仅占全球淡水资源的6%。中国水稻生产的耗水量约占全国农业用水量的56%，现有的水资源难以支撑传统水稻的进一步发展。因此，开展稻作节水栽培新技术的研究及推广工作意义非常重大。

1.选用抗旱、高产品种

根据各地的气候、茬口等选择根系发达、前期生长快、后期不早衰的早熟、抗旱、高产品种。最好选择抗旱能力强的旱稻品种种植。

2.培育“三旱”壮苗

育苗方式采用旱整地、旱播种、旱管理，培育根系发达、秧龄适宜的“三旱”壮秧。培育“三旱”壮秧主要抓好以下环节：搞好种子及床土消毒，防止种传病害和立枯病；适时、精量、稀播；多施磷钾少施氮肥以控制旺长，提高秧苗的碳氮比值，增强抗旱能力；出苗后苗床水分管理依据“不萎蔫不浇水”的原则，培育旱根，控制叶鞘的生长；将氮肥总量的60%～80%在苗床耕整时施入，余下的20%～40%用作追肥，其他肥料全部用在播前一次施入。

3.快速栽插,增加基本苗

集中劳力、机械在快速整地的基础上抢时栽插。由于缺水会影响水稻分蘖发生及成穗率,所以要适当加大基本苗,密度一般比常规栽培高10%～20%。

4.采用节水灌溉方法

插秧至缓苗期,由于根的植伤,吸水能力较低,为了促进秧苗返青成活,此期要保持土壤水分在饱和含水量或浅水层。分蘖前期若缺水将影响分蘖的早生快发,对分蘖成穗及穗数形成不利,要保持浅水层灌溉,分蘖中后期根系发达,抗旱能力达到了最强,此期可以大量减少水源供应,进行干湿交替灌溉或旱管,以控制无效分蘖发生,提高成穗率。幼穗分化期的前期可进行湿润灌溉,减数分裂期则要保持浅水层,避免引起小花败育。抽穗至灌浆期是水稻生育最旺盛的时期之一,需要充足水分,保持浅水层,蜡熟期以后采用干湿交替的灌溉方法。

5.预防病虫草害

水稻在缺水条件下生长,杂草容易发生,要做好化学除草、防草荒。同时,也容易发生稻瘟病、纹枯病、稻蓟马等病害,要加强病虫草害的防治。

八、再生稻栽培技术

水稻收割后利用稻桩上的休眠芽,给予适宜的水、温、光和养分等条件加以培育,使之发出来的再生蘖生长发育,进而抽穗成熟的水稻称之为再生稻。

1.栽培再生稻的优点

(1)成本低、效益高　再生稻栽培不需育秧、移栽等栽培环节，是一项管理技术简单、成本低、效益高的栽培方式。

(2)生育期短，可充分利用光能　再生稻生长期一般为60～70天，在水稻生长季节一季有余、二季不足的地区，可利用一季早中稻收割后培育再生稻，充分利用当地温光资源，提高光能利用率及单位面积总产量。

(3)再生稻的稻米品质好　再生稻的谷粒充实度和米质都比头季稻好，稻米光泽好，腹白小，品质及食味均比头季稻好。

(4)栽培再生稻是一项有效的减灾技术　水稻灾后利用成活的腋芽蓄养再生稻，可以降低灾害的程度，是一项减灾的有效技术途径。如前茬水稻因遇高温热害、洪涝、干旱等灾害而减产甚至绝收，可通过蓄养再生稻，降低一定的灾害损失。

2.再生稻的生育特点

再生稻一生的叶片数少，其叶片数一般为头季稻主茎叶片数的1/4～1/3，一般为4～5片，最多不超过6片。再生稻吸收养分主要靠老株上的上层根系及低位芽节上发出来的新根。再生蘖发生的位置、多少、抽穗扬花的早迟等，一方面与头季稻的收割时期及留桩高度有密切关系，另一方面也与头季稻的根系活力和稻秆上休眠芽状况的好坏有关，这两方面是决定再生稻产量的关键因素。

3.再生稻栽培技术要点

(1)因地制宜，适期早播　不是所有的稻区都适宜栽培再生稻。以安徽省为例，再生稻适宜区为江淮南部、沿江及皖南地区的早熟中稻或部分迟熟早稻产区。头季稻要尽早播种，播种期安排在3月下旬至4月初，并采用地膜、薄膜覆盖保温措施，保证头季稻的成熟收割期，江淮地区在8月10～15日，沿江和皖南地区在8月15～20日，以确保再生稻9月20日左右齐穗，10月中下旬收割。

(2)选用适宜品种(组合) 用于再生稻栽培的品种再生两熟的全生育期一般不得超过200天，同时，要具有再生力强、再生蘖出生快、穗多的特点。一般杂交组合优于常规品种，在具体选用时应在品种筛选的基础上进行。

(3)加强前、后两季栽培管理

①加强前季稻管理。前季严防过苗、倒伏、早衰发生，产量要求稳中求高，控制纹枯病，确保成熟时秆青籽黄。前季稻施肥重点是施足基肥，不施或少施促蘖肥，出剑叶时补施粒肥，并注意增施磷、钾肥。坚持浅水、湿润灌溉，超前晒田控制无效分蘖，保持根系活力，抽穗后湿润管理到黄熟，严防断水过早。

②适时收割前季稻，留茬高度适宜。前季稻要适当提前收割，以提高腋芽的萌发能力，前季稻一般在蜡熟期末收割。收割时保留2～3个节位，留茬高度以25～30厘米为宜。收割时避免踩伤、压倒稻茬。

③追好攻芽肥和保花肥。前季稻齐穗后15～20天，每亩追尿素10～12千克攻芽，这是再生稻高产最关键的措施。前季稻收割后3天内，及时追尿素，每亩8～10千克，促花养根长叶，并可进行叶面喷肥壮籽，9月中下旬后期齐穗时为防"寒露风"，还可结合喷施"920"促早齐穗。注意喷施"920"的时期不宜过早。

④加强再生季田间管理。前季收割后要及时除草，对杂草多的可进行化学除草或人工除草，浅水湿润灌溉，干湿交替到成熟。同时要做好病虫害防治工作。

九、无公害优质稻米生产技术

1.无公害优质稻米的概念及意义

(1)无公害优质稻米的概念　无公害优质稻米是指农药、重金属等有害有毒物质含量控制在安全允许范围之内、品质达到国标三级以上的稻米及其加工产品。无公害优质稻米生产对产地环境、生产技术环节、加工过程、产品质量安全与品质均有明确规定。产地环境要求土壤环境质量指标、空气环境质量指标、农田灌溉水质量指标均符合标准;生产技术要求符合肥料和农药使用准则;加工过程要求符合收获、加工、包装、贮藏与运输等技术环节质量控制标准,最终生产出的产品需符合国标三级米以上的粮食安全标准。

(2)稻米污染的来源　稻米的污染源可以概括为以下10个方面:土壤污染;工业“三废”污染;农药污染;肥料污染;包装材料污染;细菌及其毒素的污染;霉菌及其毒素污染;昆虫污染;放射性污染;灌溉水污染。

总之,随着工业生产的发展和环境污染的日益严重,稻米中有害有毒物质的来源也更加广泛,种类及含量日益增加。这些环境污染物直接威胁人体的健康。

(3)开展无公害优质稻米生产的意义

①开展无公害优质稻米生产是提高人民生活水平的需要。随着人们收入水平及生活水平的提高,人们的消费观念已逐步发生改变,追求营养、安全的膳食已成为大多数人的生活时尚。因此,只有大量生产出无公害优质稻米才能满足国民生活的需要。

②开展无公害优质稻米生产是农民增收的需要。随着农村产业结构及生产规模的调整,越来越多的种粮农民成为产业农民,他们生产的目的不再是为了满足自己的需要,而是为了获得更多的经济效益。开展无公害优质稻米生产,是实现优质、优价的前提,也是实现

当前农民增收的有效手段之一。

③开展无公害优质稻米生产是提高稻米市场竞争力的需要。无公害优质稻米在国内外市场普遍受到欢迎，开发无公害优质稻米产品是提高我国稻米在国内外市场竞争力的有力举措。

④开展无公害优质稻米生产是实现农业可持续发展的需要。发展无公害优质稻米生产，就必须保护环境，严格控制各种污染物的排放。因此，发展无公害优质稻米生产是实现农业可持续发展的重要途径。

2. 无公害优质稻米生产技术

(1)选择生产基地　不是所有的稻区都能作为无公害优质稻米的生产基地，在确定生产基地之前必须对生产基地的环境条件进行调查、监测、评价。若有下列情况之一，则不能作为无公害优质稻米的生产基地：

①产区内及产地周围，有工矿企业、医院等污染单位，排放的废气、废水、废渣等对产区农业环境造成严重污染。

②农作物病虫草害发生严重，大量使用农药的地区。

③产地基础设施差，排灌设备不健全，不能做到旱涝保收的地区。

④通过对产地环境质量指标监测评价，某一单项或多项污染指标超标的地区。

(2)选用优质品种　稻米品质同其他农产品一样，其品质主要受品种的遗传特性控制，因此选用优质品种是进行无公害优质稻米生产的重要措施之一。应用的品种必须是经审定的符合国标三级米以上的水稻品种。

(3)科学栽培管理

①调整播种期。灌浆结实期的气候因子对米质影响很大，日均温度大于 26℃或小于 21℃都会使稻米的加工品质下降，尤其是高温

能使糙米率、精米率降低1%～3%，整精米率降低3%～10%。成熟期遇高温，垩白率、垩白度显著提高，蒸煮品质及食味品质变差。所以在茬口、温光条件可能的范围内要调节好播种期，尽量避开灌浆结实期的高温或低温、病虫等自然灾害，提高稻米品质。

②科学施肥。合理运筹肥料，降低总施氮量，增施有机肥和磷钾肥，创造优质米生长发育最佳土壤环境。增加耕作层厚度，创造结构良好、肥沃、微生物种类多且数量大、通透性和缓冲能力强的耕层土壤。推广测土配方施肥，注意大量元素的平衡施用，结合施用微量元素肥料。

③合理管水。水稻生育中期适时多次轻搁田，结实中后期切不可断水过早，特别是要防止出现干旱、早衰现象的发生。

十、水稻地膜覆盖栽培技术

水稻地膜覆盖栽培是一种新型的水稻节水栽培方式。水稻地膜覆盖栽培技术可分为两种类型：一种是水稻水田地膜覆盖栽培技术，即在水田进行水稻地膜覆盖栽培；另一种是水稻地膜覆盖旱种栽培技术，即在旱地进行水稻地膜覆盖栽培。

1.水稻水田地膜覆盖栽培技术

(1)水稻水田地膜覆盖栽培技术特点　水稻水田地膜覆盖栽培技术适宜在高寒山区和冷烂稻田推广，是提高高寒山区和冷烂稻田水稻单产的有效措施。具有以下优点：

①增温早熟。水田地膜覆盖地下5厘米，温度平均可提高2～2.5℃，全生育期增加地下积温350℃左右，水稻一般比常规栽培可提早7～10天成熟。

②早生快发。由于地膜覆盖使地温增高、促进土壤有效养分的释放，从而促进了水稻的早生快发，分蘖力强，有效分蘖多，为高产打下了基础。一般地膜覆盖水稻的分蘖始期比常规栽培提早5天以

上，分蘖高峰期提早 12 天以上。据研究，采用地膜覆盖栽培技术栽培的水稻，根系的生长发育良好，根系横向分布宽度在 25 厘米以上，比常规栽培的宽 3 厘米以上，纵向深度比对照深 2 厘米左右，单株根数多 35 条以上。

③农艺性状好。水稻水田地膜覆盖栽培的稻株株型紧凑，叶面积大，最后 3 片叶的功能期长，有效穗数多，籽粒饱满。

④保肥供肥力强。水稻水田地膜覆盖栽培一方面增温效应强，土壤的孔隙度增加，微生物活性增强，肥料流失减少，加速了土壤有机质的分解，提高了土壤肥力；另一方面水稻水田地膜覆盖栽培采取一次性施足底肥，肥料集中，提高了肥料的利用率。

⑤病虫草害少。水稻水田地膜覆盖栽培，可抑制杂草生长，除草效果达 90%以上。水稻地膜覆盖栽培，根系发达，植株健壮，田间湿度低，纹枯病、稻瘟病等发生较轻。

⑥增产增效。水稻水田地膜覆盖栽培一般比常规栽培增产 10%以上，每亩增收 100 元以上。在寒冷的山区，增产效果更高。

(2)水稻水田地膜覆盖栽培技术要点

①选用高产良种。选用皖稻 153、新两优 6 号等高产抗病杂交稻优良组合。

②培育壮秧。采用旱育秧或两段育秧技术培育壮秧。最好应用旱育秧，因旱育秧苗具有早生快发的优势，在冷烂田结合地膜覆盖栽培技术，更能发挥其优势，提高增产增收效果。

③施足底肥，覆好地膜。根据土壤肥力情况，按氮∶磷∶钾＝1∶(0.3～0.5)∶(0.4～0.6)的比例，一次性施足底肥。一般每亩大田施农家肥 1000 千克，薄水翻耕后，面施过磷酸钙 40 千克，氯化钾 10 千克，尿素 15 千克，或水稻专用肥 30～40 千克，耙田两次，使肥料均匀拌入耕作层中。然后，开沟做厢，厢宽 130～150 厘米左右，沟宽 20 厘米，沟深 15 厘米左右，厢面用木板抹平，再用宽 170 厘米的超微膜覆盖，一般每亩用膜量为 3.5 千克，盖膜时，滚动膜捆进行覆盖，将地

膜紧贴厢面泥土，做到膜泥紧贴，覆膜平实。

④合理密植，规范栽插。一般杂交水稻亩栽1.2万～1.5万穴，每穴2粒种子苗。栽插时可用竹竿打眼，宽窄行栽插，栽后清沟，以利灌排水。

⑤搞好田间管理。大田生长期做到沟中有水，膜面无水，保持土壤湿润灌溉。水稻齐穗时，每亩用尿素0.5千克和磷酸二氢钾0.1千克加水50千克进行叶面喷施追肥。同时，搞好病虫害防治。

⑥清除废膜。稻子成熟期收割时，留桩高度尽量矮些，以利于废膜的清除，防止土壤污染。水稻收割后一定要将废膜清除干净。

2.水稻地膜覆盖旱种栽培技术

(1)水稻地膜覆盖旱种栽培技术的优点　水稻地膜覆盖旱种栽培技术具有保温保湿、节水节肥、早栽早发、抗旱增产等优点。

(2)地膜覆盖旱种水稻的生育特点

①生育期延长。水稻地膜覆盖旱种栽培栽后有4天左右的缓苗期，生长发育过程中由于水分的缺失，生长进程迟缓，一般大田生长期比水作长5～7天。

②分蘖旺盛，低位分蘖多。覆膜增温保湿，水稻前期生长旺盛，分蘖速度快，分蘖发生多，高峰苗多。高峰苗期比水作提早10天左右，苗数约多20%。

③节间短，株型矮，绿叶多。水稻地膜覆盖旱种栽培主茎基部节间短，株高一般比水作矮，茎秆粗壮，抗倒能力强。植株总叶数多1叶左右，齐穗期绿叶数、叶面积指数也较高。

④穗多穗小，成穗率低，粒重轻。水稻地膜覆盖旱种栽培分蘖多，穗数多，但其穗粒数、结实率和千粒重均减少。其主要原因是水稻抽穗、扬花、灌浆期，土壤水分不能完全满足水稻生长发育需要。因此，在水稻抽穗、扬花、灌浆期，如天气干旱，进行抗旱灌水，是夺取水稻旱种高产的关键。

⑤稻米品质下降。水稻旱种的情况下，灌浆结实受到一定影响，粒重较轻，稻米品质较水种差。

(3)水稻地膜覆盖旱种栽培技术要点

①培育旱育壮秧。利用旱育秧根系发达和早生快发的优势，缩短缓苗期，提高水肥吸收能力，增强抗旱能力。旱育秧要采取水稻旱育稀植栽培技术，播种量以越稀越好，以增大秧龄弹性，提高秧苗素质。

②适时早播。由于水稻地膜覆盖旱种栽培大田生长期长，要利用地膜覆盖保温增温的优势，适时早播，以确保安全齐穗。

③合理稀植。由于旱栽插需要人手较多，再加上旱种水稻分蘖旺盛，高峰苗多，种植密度宜比水作稀些，一般中迟熟杂交稻品种栽培 1.1 万～1.4 万穴/亩为宜。栽种时采取宽行窄株栽种，增强田间通风透光性。

④施足底肥，早施穗肥。中等肥力田块一般亩施 1000 千克农家肥，20 千克尿素，50 千克过磷酸钙，15 千克氯化钾作底肥，耕地时施肥，耕整后使土壤中肥料均匀一致。同时，要积极应用秸秆还田技术，不断提高土壤肥力。孕穗期看苗追施穗肥，一般亩施 5～10 千克尿素，以防早衰，提高结实率和千粒重。

⑤覆好地膜，提高栽插质量。选择普通地膜或超微膜，在雨后耕层土壤湿透(或灌水饱和)后覆膜，膜宽 170 厘米，分厢种植，每厢 4～5 行，厢宽 140 厘米左右。栽秧时边打孔边栽秧，杂交稻每穴栽 1～2 粒种子苗，常规稻每穴栽 3～5 粒种子苗。栽秧后要用泥土将秧苗四周压实，以防膜内水蒸气烧苗，并可增加雨水积蓄量，以有利于秧苗生长。

⑥浇好关键水。水稻的孕穗、扬花、灌浆期是一生中生理需水最多、对水分最敏感的时期，地膜覆盖旱种水稻，若此期遇干旱无雨，要及时灌水，以确保水稻幼穗分化和灌浆结实的水分需要，保证旱种稳产、高产。

⑦搞好病虫害防治。地膜旱种水稻纹枯病、稻飞虱发生较轻，但纵卷叶螟、二化螟、稻蝗、叶蝉较水作水稻发生重，要根据病虫发生情况及时防治。

参考文献

[1]中国农业科学院. 中国稻作学[M]. 北京:中国农业出版社,1987.

[2]熊振民. 中国水稻[M]. 北京:中国农业科技出版社,1992.

[3]李成荃. 安徽稻作学[M]. 北京:中国农业出版社,2008.

[4]刁操铨. 作物栽培学各论(南方本)[M]. 北京:中国农业出版社,1994.

[5]杜永林. 无公害水稻标准化生产[M]. 北京:中国农业出版社,2005.

[6]黄义德,姚维传. 作物栽培学[M]. 北京:中国农业大学出版社,2001.

[7]陈温福. 北方水稻生产技术问答[M]. 北京:中国农业出版社. 2004.

[8]费槐林. 水稻优质高产栽培技术问答[M]. 北京:科学普及出版社. 1996.

[9]王一凡. 绿色无公害优质稻米生产[M]. 北京:中国农业出版社. 2005.